高职高专“十二五”规划教材
21世纪全国高职高专土建系列技能型规划教材

建筑工程测量实训

（含实操手册）

（第2版）

主　编　杨凤华
副主编　赵　昕　张　营
参　编　张丽丽　王怀海
　　　　于清善　张建国
主　审　肖明和　杨　勇

内容简介

本书反映现代高层建筑框架、框剪结构的最新施工测量方法。本书结合大量工程实例，并参阅《工程测量规范》(GB 50026—2007)，安排了各种常规测量仪器的实训任务，并详细地安排了目前高层建筑及各类工程建设中最新使用的全站仪实训任务——施工坐标放样、后方交会等施工必备测设方法，从工程控制测量—施工现场定位、放线—基础施工测量—主体施工测量—工程竣工验收，系统地、完整地介绍了高层建筑施工测量实训任务。同时，还收集了大量真实的工程施工测量方案并进行了案例分析，供学生参考学习。

本书采用“三位一体”课程模式任务过程的实训考核方法，全新模拟施工现场任务为实例编写。除附有大量工程案例外，还突出了各项施工测量任务的链接，特别突出了工程测量综合实训全站仪在各项目模拟施工现场施工坐标放样、道路工程坐标放样中的操作流程，使得学习全站仪施工放样简单易行。此外，还有专业技能考试题和工程测量员练习题等供读者练习。通过对本书的实训任务的实操练习，读者可以掌握建筑工程测量施工方法和各种施工现场测量仪器的操作技能，具备高层建筑施工测量及各种工程测量的能力。

本书既可作为高职高专院校建筑工程类相关专业的实训教材和指导书，也可作为土建施工类及工程管理类各专业职业资格考试的培训教材，还可为备考从业和执业资格考试人员提供参考。

图书在版编目(CIP)数据

建筑工程测量实训/杨凤华主编．—2版．—北京：北京大学出版社，2015.1

(21世纪全国高职高专土建系列技能型规划教材)

ISBN 978-7-301-24833-1

Ⅰ.①建… Ⅱ.①杨… Ⅲ.①建筑测量—高等职业教育—教材 Ⅳ.①TU198

中国版本图书馆CIP数据核字(2014)第221177号

书　　名：建筑工程测量实训(第2版)

著作责任者：杨凤华　主编

策 划 编 辑：赖　青　杨星璐

责 任 编 辑：姜晓楠

标 准 书 号：ISBN 978-7-301-24833-1/TU·0437

出 版 发 行：北京大学出版社

地　　址：北京市海淀区成府路205号　100871

网　　址：http://www.pup.cn　　新浪官方微博：@北京大学出版社

电 子 信 箱：pup_6@163.com

电　　话：邮购部62752015　发行部62750672　编辑部62750667　出版部62754962

印 刷 者：三河市博文印刷有限公司

经 销 者：新华书店

787毫米×1092毫米　16开本　16.25印张　366千字

2011年8月第1版

2015年1月第2版　2016年7月第2次印刷(总第7次印刷)

定　　价：34.00元(含实操手册)

第 2 版前言

本书为北京大学出版社“21 世纪全国高职高专土建系列技能型规划教材”之一。为适应 21 世纪高等职业教育发展需要，培养建筑行业具备一线施工测量、施工监理与工程质量竣工验收的专业技术管理应用型人才，我们结合现代新型的高层框架、框剪结构与建筑业的发展前沿问题修订了本书。

本书第一部分为建筑工程测量实训规定；第二部分为实训任务指导，对水准仪、经纬仪、全站仪做了详细操作指导，其中的项目包括水准测量、角度测量、距离测量、全站仪的应用；此外，还包括附录 A～附录 F，以及《建筑工程测量实操手册》。

按国家教委对职业类院校实习实训要求，在工程类课程结束后有约 7 周的工程综合实训，是学生在校模拟施工现场的实训，为学生就业到施工现场施工达到零距离接轨。书中设置的附录与《建筑工程测量实操手册》是为学生就业与社会接轨，取得工程测量技能鉴定以及施工员上岗打下坚实基础。书中安排了施工测量方案案例和工程测量员习题库等模块，可安排学生课后阅读和练习。

本书由济南工程职业技术学院杨凤华统稿并担任主编；济南工程职业技术学院赵昕、张营担任副主编；济南工程职业技术学院张丽丽，济南市工程建设标准定额站王怀海，山东正元建设工程有限责任公司于清善、张建国参编；济南工程职业技术学院建工系和实训中心肖明和与杨勇审稿、定稿。感谢济南南方测绘仪器有限公司、济南测绘仪器有限公司、三鼎测绘仪器有限公司相关人员提出的很多宝贵建议和提供的宝贵资料。

本书第 1 版由杨凤华担任主编；广西工业职业技术学院向环丽担任副主编；济南工程职业技术学院刘宇，山东职业学院郑恒，山东城市建设职业学院徐海峰，滨州职业学院赵景利参编。在此，对参与本书第 1 版编写的同仁表示由衷的感谢！

本书在编写过程中，参考和引用了国内外大量文献资料，在此谨向原书作者表示衷心的感谢！由于编者水平有限，本书难免不足和疏漏之处，敬请各位读者批评指正。

编　者

2014 年 9 月

CONTENTS

目录

第一部分

建筑工程测量实训规定

1. 测量实训的程序规则

(1) 实训课前，应认真预习书中的相关内容，明确实训目的、要求、操作方法、步骤及注意事项，以保证按时完成实训任务。

(2) 实训以小组为单位进行，组长负责组织和协调实训工作，负责按规定办理所用仪器和工具的领借与归还手续，并检查所领借的仪器和工具与实训用的是否一致。

(3) 在实训过程中，每个人都必须认真、仔细地按照操作规程操作，遵循测量仪器的管理规定。遵守纪律、听从指挥，培养独立工作能力和严谨的科学态度，全组人员应互相协作，各工种或工序应适当轮换，充分体现集体主义与团队精神。

(4) 实训应在规定的时间和地点进行，不得无故缺席、迟到或早退，不得擅自改变实训地点或离开现场。

(5) 测量数据应用正楷文字及数字记入规定的记录手簿中，书写应工整清晰，不可潦草。记录数据应边观测边记录，并向观测者复诵数据，以免记错。

(6) 测量数据不得涂改和伪造。记录数字若发现有错误或观测结果不合格，不得涂改，也不得用橡皮擦拭，应用细横线划去错误数字，在原数字上方写出正确数字，并在备注栏内说明原因。测量记录禁止连续更正数字(如黑、红面尺读数；盘左、盘右读数；往、返量距结果等，均不能同时更正)，否则应予重测。

(7) 记录手簿规定的内容应完整，如实填写。草图绘制应形象清楚、比例适当。数据运算应根据小数所取位数，按“四舍六入，五单进双不进”的规则进行凑整。

(8) 在交通繁忙地段实训时，应随时注意来往的行人与车辆，确保人员及仪器设备的安全，杜绝意外事故发生。

(9) 根据观测结果，应当场进行必要的计算，并进行必要的成果检验，以决定观测成果是否合格、是否需要进行重测。应该现场编制的实训报告必须现场完成。

(10) 在实训过程中或实训结束后，发现仪器或工具损坏或丢失，应及时报告指导老师，同时要查明原因，视情节轻重，按规定予以赔偿和处理。

(11) 实训结束后，应提交书写工整、规范的实验报告给指导教师批阅，经教师认可后方可清点仪器和工具，进行必要的清洁工作，将借的仪器、工具交还仪器室，经验收合格后，结束实训。

2. 测量仪器的操作规程

为了保证测量实验室仪器设备的正常使用，满足教学、科研的需要，特制定本操作规程：按照仪器设备类型、用途不同，将其分为量距工具、光学仪具(含 DS_3 型，自动安平水准仪；DJ2、DJ6 光学经纬仪)、电子类仪器(含电子经纬仪、全站仪、激光经纬仪、GPS 接收机)。不同仪器工具有不同的操作规程和注意事项。

(1) 量距工具的操作规程和注意事项。直接用于量距的工具主要是 50m 钢尺，30 皮尺，5m、3m、2m 小钢尺。钢尺易生锈，钢尺使用完要及时擦拭黄油，以免生锈钢尺拉不出并及时注记损害。使用时，不要完全拉出，以免钢尺脱开，造成损坏。

(2) 光学仪器和工具包括经纬仪(DJ2、DJ6)，水准仪(DS_3，自动安平)，小平板仪。经纬仪、水准仪粗略整平时，脚螺旋运动方向与左手大拇指运动方向一致，螺旋不要过高或过低以免把脚螺旋损坏。在使用过程中，一定要保证在松开制动螺旋时转动望远镜、照准部，以免损坏仪器横轴、竖轴。特别注意仪器要保护好，不能摔坏，本内容也适用于电子类仪器。

（3）电子类仪器包括电子经纬仪、全站仪、激光经纬仪、GPS 接收机。这类仪器的安置方法与光学仪器大致相同，注意事项不再赘述。这类仪器要注意充电。全站仪、GPS 是测量的重要设备，要在指导教师指导下操作使用。

3. 测量仪器的借领与归还规定

1）借领

（1）由指导教师或实训班级的课代表带着实训计划和分组表，到测绘仪器室以实训小组为单位借用测量仪器和工具，按小组编号在指定地点向实训室人员办理借用手续。

（2）领取仪器时要按分组表顺序，由仪器室教师给各小组组长发放仪器，在发放仪器时要把每个部件的螺旋转动给小组长看，以此证明仪器的各部件完好，然后松开各制动螺旋放回仪器箱。最后由小组长签字领取。

（3）一般由课代表发放其他工具，如三脚架、水准尺、标杆等。在发放三脚架时注意三脚架的固定螺旋是否能拧紧，是否与仪器配套，在当场清点仪器工具及其附件齐全后，方可离开仪器室。

（4）搬运仪器前，必须检查仪器箱是否锁好，搬运时必须轻取轻放，避免强烈震动和碰撞。

（5）实验室一切物品未经同意和备案不得带离实训室，对于违者除了要追回物品外，还要对其进行批评教育，丢失要赔偿。

2）归还

（1）实训结束，应及时收装仪器、工具，清除接触土地的部件(脚架、尺垫等)上的泥土，送还仪器室检查验收。如有遗失和损坏，应写出书面报告说明情况，进行登记，并应按照有关规定赔偿。

（2）由各组小组长归还仪器，由检验教师检验各部件功能完好并点清后方可将仪器交还仪器室，并由小组长签字，最后全班归还后再由指导教师或课代表签字离开。

4. 仪器、工具丢失与损坏赔偿规定

1）加强仪器设备管理

加强师生员工爱护国家财产的责任心，加强仪器设备管理，维护仪器设备的完整、安全和有效使用，避免损坏和丢失，以保证教学、科研的顺利进行，特制定此规定。

（1）使用、保管单位和师生员工应自觉遵守学院有关规章制度，遵守仪器设备安全操作规程，做好经常性的检查维护工作，严格落实岗位责任制。

（2）仪器设备发生损坏和丢失时，应主动保护现场，报告单位领导、保卫处。要迅速查明原因，明确责任，提出处理意见，按管理权限报请审批。

2）责任事故分类

由于下列原因造成仪器设备的损坏和丢失，均属责任事故。

（1）不遵守规章制度，违反操作规程的。

（2）未经批准擅自动用、拆卸造成损坏的。

（3）领取仪器后操作时不负责任，离开仪器现场造成仪器摔坏及严重失职的。

(4) 主观原因不按操作规程造成仪器部件损坏或严重损失的。

3) 计算损失价值

凡属责任事故，均应赔偿经济损失。损失价值的计算方法如下。

(1) 损坏部分零部件，按修理价格赔偿。

(2) 修复后质量、性能下降，按质量情况计算损失价值。

(3) 摔坏仪器部分零件的按修理价格赔偿，并按折旧价计算赔偿价值。

(4) 丢失、严重摔坏仪器的应照价赔偿。

4) 赔偿经济损失

(1) 根据情节轻重、责任大小、损失程度酌情确定，并可给予一定的处分。责任事故的处理应体现教育与惩罚相结合，以教育为主的原则。

(2) 事故赔偿费由学校财务处统一收回，按规定使用。

5. 注意事项

测量仪器属于比较贵重的设备，尤其是目前测量仪器正在向精密光学、电子化方向发展。其功能日益先进，其价值也更加昂贵。对测量仪器的正确使用、精心爱护和科学保养，是从事测量工作的人员必须具备的素质和应该掌握的技能，也是保证测量成果的质量、提高工作效率、发挥仪器性能和延长其使用年限的必要条件。

(1) 携带仪器时，注意检查仪器箱是否扣紧、锁好，提环、背带是否牢固，远距离携带仪器时，应将仪器背在肩上。

(2) 开箱时，应将仪器箱放置平稳。开箱时，记清仪器在箱内的安放位置及姿态，以便用后按原样装箱。提取仪器或持仪器时，应双手持握仪器基座或支架部分，严禁手提望远镜及易损的薄弱部位。安装仪器时，应首先调节好三脚架高度，拧紧架腿伸缩锁定螺栓；保持一手握住仪器，一手拧连接螺旋，使仪器与三脚架牢固连接；仪器取出后，应关好仪器箱，仪器箱严禁坐人。

(3) 作业时，严禁无人看管仪器。观测时应撑伞，严防仪器被日晒、雨淋。对于电子测量仪器，在任何情况下均应撑伞防护。若发现透镜表面有灰尘或其他污物，应用柔软的清洁刷或镜头纸清除，严禁用手帕、粗布或其他纸张擦拭，以免磨损镜面。观测结束应及时套上物镜盖。

(4) 各制动旋钮勿拧得过紧，以免损伤；转动仪器时，应先松开制动螺旋，然后平稳转动；脚螺旋和各微动旋钮勿旋至尽头，即应使用中间的一段螺纹，防止失灵。仪器发生故障时，不得擅自拆卸；若发现仪器某部位呆滞难动，切勿强行转动，应交给指导老师或实验管理人员处理，以防损坏仪器。

(5) 仪器的搬迁。近距离搬站，应先检查连接螺旋是否牢靠，放松制动螺旋，收拢脚架，一手握住脚架放在肋下，一手托住仪器放置胸前小心搬移，严禁将仪器扛在肩上，以免碰伤仪器。若距离较远或地段难行，必须装箱搬站。对于电子经纬仪，必须先关闭电源，再行搬站，严禁带电搬站。迁站时，应带走仪器所有附件及工具等，防止遗失。

(6) 仪器的装箱。实验结束后，仪器使用完毕，应清除仪器上的灰尘，套上物镜盖，松开各制动螺旋，将脚螺旋调至中段并使它们大致同高，一手握住仪器支架或基座，一手松开连接螺旋使其与脚架脱离，双手从脚架头上取下仪器。将仪器装箱时，应放松各制动螺旋，按原样将仪器放回；确认各部分安放妥帖后，再关箱扣上搭扣或插销，上锁。最后清除箱外的灰尘和三脚架上的泥土。

(7) 测量工具的使用。实验时测量工具的使用方法如下。

① 使用钢尺时，应使尺面平铺地面，防止扭曲、打结和折断，防止行人踩踏或车辆碾压，尽量避免尺身沾水。量好一尺段再向前量时，必须将尺身提起离地，携尺前进，不得沿地面拖尺，以免磨损尺面、刻划甚至折断钢尺。钢尺用毕，应将其擦净并涂油防锈。

② 皮尺的使用方法基本上与钢尺的使用方法相同，但量距时使用的拉力应小于钢尺，皮尺沾水的危害更甚于钢尺，皮尺如果受潮，应晾干后再卷入盒内，卷皮尺时切忌扭转卷入。

③ 使用水准尺和标杆时，应注意防止受横向压力、竖立时倒下、尺面分划受磨损。标尺、标杆不得用做担抬工具，以防弯曲变形或折断。

④ 小件工具(如垂球、测钎、尺垫等)用完即收，防止遗失。

⑤ 所有测量仪器和工具不得用于其他非测量的用途。测量仪器大多属于精密仪器，谨防倒置、碰撞、震动，切记要轻拿轻放，谨防失手落地。

6. 成绩考核办法——“三位一体”任务过程阶段性综合考核+期末理论考核

具体实施如下。

(1) 考核项目一。水准测量(总成绩的 20%)，闭合(或往返) 水准测量及成果计算。

以小组为团队协作考核(4～5 人)。

(2) 考核项目二。经纬测量(总成绩的 30%)，经纬仪角度测量。

单人竞赛式考核，一测回水平角观测(小组与小组、班级与班级间展开竞赛考核)。

(3) 考核项目三。全站仪(总成绩的 30%)，全站仪坐标放样(施工定位、放线、检核)。

以小组为团队配合考核(4～5 人)。

(4) 考核项目四。施工测量方法(总成绩的 10%)，高程传递、抄平。

以小组为团队协作考核(4～5 人)。

(5) 考核项目五。16 周随堂理论考核(总成绩的 10%)，技能鉴定测量员取证(理论)考试题。

建筑工程测量实训内容包括以下几点。

① 建筑物控制测量。包括平面控制测量、高程控制测量。

② 导线控制测量。包括平面控制测量、高程控制测量。

③ 校园地形图控制测量。包括平面控制测量、高程控制测量。

建筑的施工放线包括具体 5m×5m 和 5m×4m 的两个卧室。

高程传递以校园为±0.000 标高线，向上传递两层，测设出 0.5m 的标高线。每层 0.5 线抄平不少于两个点。

建筑的垂直度指教学楼的垂直度。

竖直角观测指学院校标。

第二部分

实训任务指导

项目一

水准测量

引 言

建筑工程测量在工程建设施工过程中具有重要意义和作用。其中水准测量贯穿了建筑施工测量的始终，确保建筑物施工质量，保证建筑物的安全运行及使用。

实训的意义与目的：通过实训实操练习熟练掌握各种测量仪器的使用和实测方法，在工程中能够直接应用，真正做到与施工现场零距离接轨。

1.1 DS_3型水准仪的认识与使用实训

1.1.1 DS_3型水准仪的构造简介

根据水准测量原理，水准仪的主要作用是提供一条水平视线，并能照准水准尺进行读数。因此，水准仪主要由望远镜、水准器和基座三部分构成。图 1 所示为我国生产的 DS_3型微倾式水准仪。

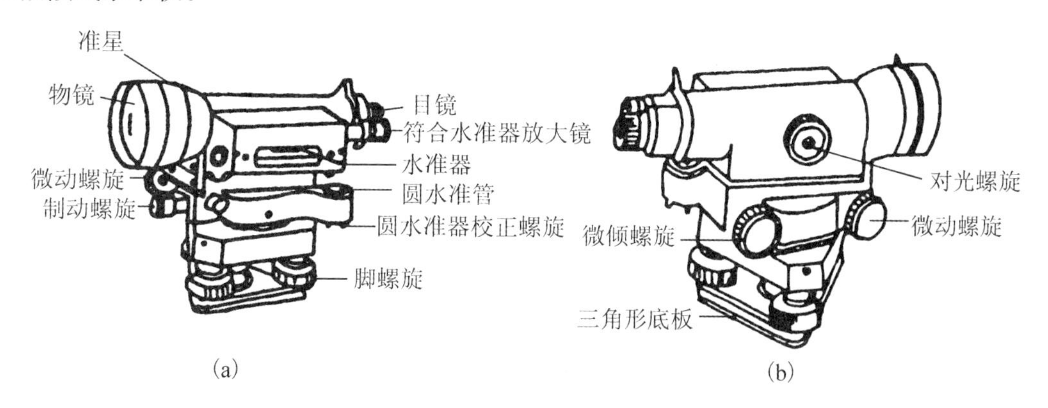

图 1 DS_3型水准仪

仪器的上部有望远镜、水准管、水准管气泡观察窗、圆水准器、目镜及物镜对光螺旋、制动螺旋、微动及微倾螺旋等。

仪器竖轴与仪器基座相连，望远镜和水准管连成一个整体，转动微倾螺旋可以调节水准管连同望远镜一起相对于支架作上下微小转动，使水准管气泡居中，从而使望远镜视线精确水平，由于用微倾螺旋使望远镜上、下倾斜有一定限度，可先调整脚螺旋使圆水准器气泡居中，粗略定平仪器。

整个仪器的上部可以绕仪器竖轴在水平方向旋转，水平制动螺旋和微动螺旋用于控制望远镜在水平方向转动，松开制动螺旋，望远镜可在水平方向任意转动，只有当拧紧制动螺旋后，微动螺旋才能使望远镜在水平方向上作微小转动，以精确瞄准目标。

1.1.2 水准仪的使用方法及步骤

1. 水准仪的安置

1）安置三脚架的方法一

将水准仪安置在前后视距大约相等的测站中间点上。松开三个架脚的固定螺旋，提起架头使三个架脚的架腿一样高，拧紧三个架脚的固定螺旋，打开三脚架使架头水平(如图 2 所示)。打开仪器箱安置水准仪。

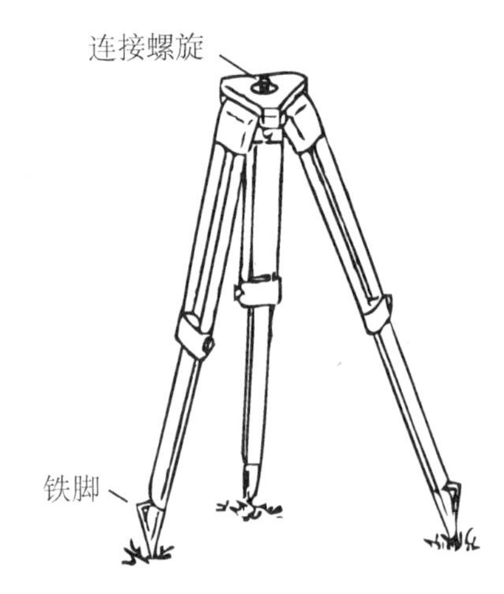

图 2 三脚架

2）安置三脚架的方法二

如在松软地施工现场，通常是先将脚架的两条腿取适当高度位置安置好，脚踏铁脚踩入土中，然后松开第三只脚腿的固定螺旋调节架腿长度使架头大致水平，并用脚踏实，使仪器稳定。如果地面比较坚实，比如在公路上、城镇中有铺装面的街道上等，可以不用脚踏。当地面倾斜较大时，应将三脚架的一个脚安置在倾斜方向上，将另外两个脚安置在与倾斜方向垂直的方向，这样可以使仪器比较稳固。

2. 粗平

粗平：调节脚螺旋使圆水准器气泡居中，水准仪粗略整平，仪器竖轴铅垂。

气泡运动规律：气泡移动方向与左手大拇指旋转方向一致。

(1) 操作方法一。用两手分别以相对方向转动两个脚螺旋，此时气泡移动方向与左手大拇指旋转方向一致，如图 3(a)所示(原理：两手相对运动右手大拇指转动脚螺旋降低；左手大拇指转动脚螺旋升高，气泡永远往高的方向跑)。然后再转动第三个脚螺旋使气泡居中，如图 3(b)所示。

(2) 操作方法二。实际操作时也可以不转动第三个脚螺旋，而以相同方向同样速度转动原来的两个脚螺旋使气泡居中，如图 3(c)所示(原理：使两只脚螺旋同时升或同时降，使气泡居中)。在操作熟练以后，不必将气泡的移动分解为两步，而可以转动两个脚螺旋直接使气泡居中。

3. 调焦、照准

步骤：①目镜对光；②准星照门粗略照准；③望远镜精确瞄准。

(1) 目镜调焦规律。在用望远镜瞄准目标之前，必须先将十字丝调至清晰。把望远镜

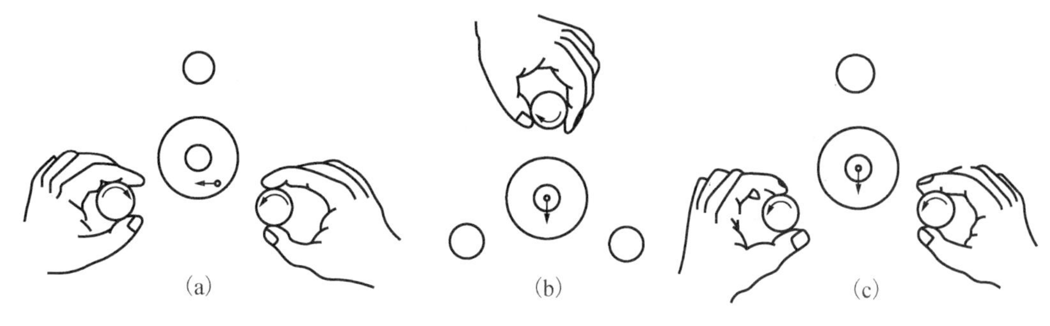

图3 粗平方法

对向明亮的背景，转动目镜调焦螺旋，使十字丝清晰。

(2) 粗略照准规律。手持望远镜固定螺旋，转动望远镜，眼睛通过照门与准星连成一条直线瞄准目标，制动固定螺旋。

(3) 精确照准规律。眼睛看着望远镜，转动物镜调焦螺旋至目标成像清晰。转动望远镜微动螺旋，使十字丝的竖丝对准水准尺的中间，指挥水准尺竖直、精平、读数。

注意

① 视差。成像未落到十字丝平面网上，如图4(a)所示。

② 消除视差。反复调节目镜、物镜对光螺旋使成像落到十字丝平面网上，如图4(b)所示。

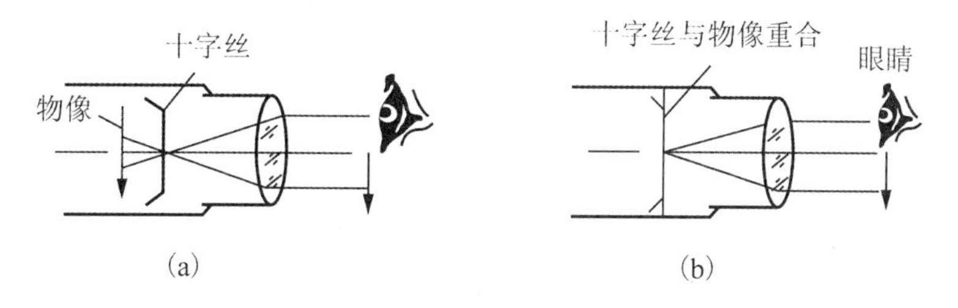

图4 十字丝视差

4. 精平

调节微倾螺旋使水准管气泡观察窗内的两半边左右气泡影像对齐，即水准管气泡居中，使水准仪精确整平。

操作规律：在转动微倾螺旋之前，先侧头看管水准器，再转动微倾螺旋看管水准器气泡大致跑到水准管中间，然后再闭上一只眼睛看管水准器的观测窗，微微转动微倾螺旋使气泡的两半边影像对齐。此时视准轴水平，通过眼睛射出的是一条水平射线。

注意

① 先看水准管气泡是否大致居中。当离中心较远，眼睛看着气泡，旋转微倾螺旋，气泡移动的方向和螺旋旋转的方向相反。

② 当气泡大致居中，眼睛看观察窗中的气泡影像，螺旋旋转的方向与左边气泡移动方向相同(如图5所示)。

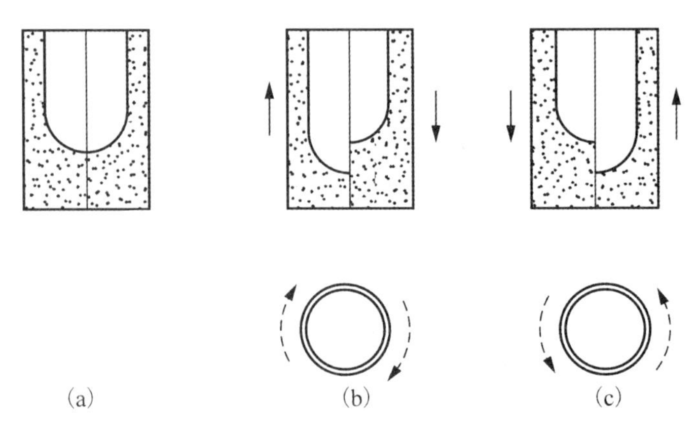

图5　精确整平操作

③ 由于气泡的移动有惯性，所以转动微倾螺旋的速度不能快，特别在符合水准器的两端气泡影像将要对齐的时候尤其应注意。只有当气泡已经稳定不动而又居中的时候才达到精平的目的。

5. 读数

在每次读数之前必须精平，即可在水准尺上读取读数。为了保证读数的准确性，并提高读数的速度，应在读数前认清水准尺的注记特征。

一般习惯报四位数字，即米、分米、厘米、毫米，并且以毫米为单位，例如 1.367m 可读 1367 四个数字，0.068m 可读 0068。

注意

回读：读数时通常采用回读的方法，以确保读数、记录的准确无误。回读即读数、记录后再重新通过望远镜读取水准尺读数，并与记录数据进行比对，无误即可。

1.1.3　水准测量认识实习任务

完成任务一：水准仪的构造功能。

完成任务二：四测站的水准测量。

根据实训组织、实训任务、实训步骤，认真填写《实训报告一 水准仪认识实训》（见实操训练一，任务一 水准测量）。

1.1.4　注意事项

（1）掌握操作要领，尤其是在水准仪操作过程中的安置仪器及仪器整平，要反复练习，熟练掌握，提高工作效率。

（2）正确使用仪器各部分螺旋，应注意对螺旋不能用力强拧，以防损坏。

（3）读数前必须消除视差，并使符合水准器气泡居中，注意水准尺上标记与刻划的对应关系，避免读数发生错误。

（4）按要求认真完成实习任务，不得出现相同测量数据。

（5）注意保护仪器，禁止拿着仪器追逐打闹，并按时交还仪器。

（6）遵守实习纪律，注意人身安全。选取实习场地时，远离马路及人流较多的场所。如图 6 所示为连续水准测量。

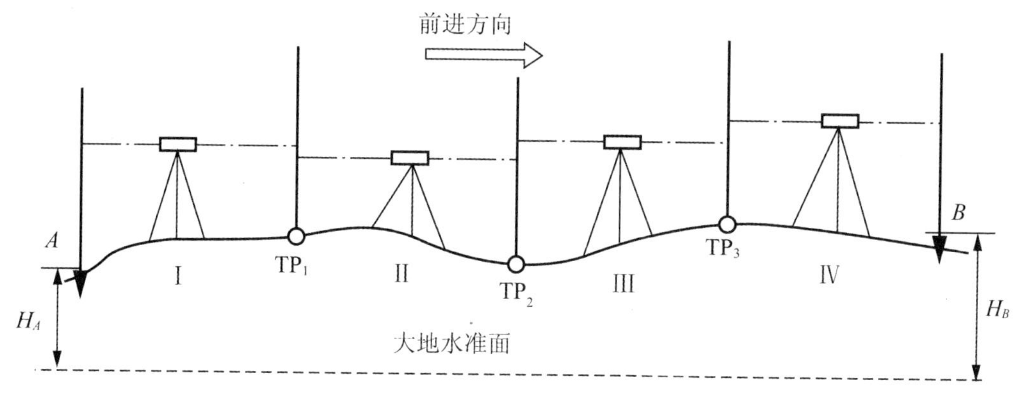

图 6　连续水准测量(一)

1.2　普通水准路线测量实训

1.2.1　普通水准测量方法

工作内容：①一个测站内水准测量工作；②水准点及转点的埋设；③水准测量手簿的填写；④记录表中的检核工作。

当两点相距较远或高差较大时，需连续安置水准仪测定相邻各点间的高差，最后取各个高差的代数和，可得到起终两点间的高差。

如图 7 所示，A、B 两水准点之间，设 3 个临时性的转点。

$h_1 = a_1 - b_1$；$h_2 = a_2 - b_2$；$h_3 = a_3 - b_3$；$h_4 = a_4 - b_4$；$h_{AB} = h_1 + h_2 + h_3 + h_4$。

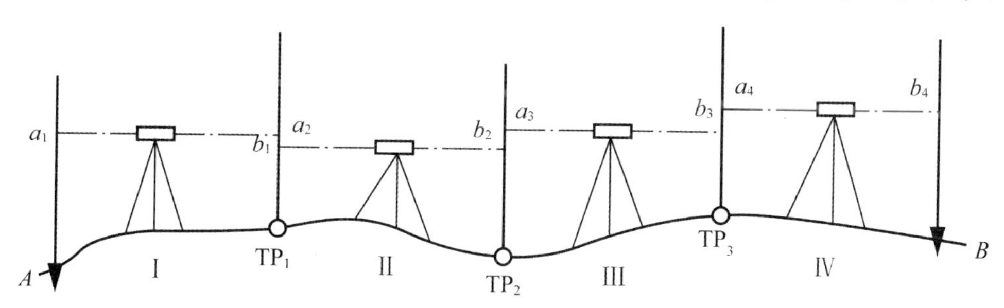

图 7　连续水准测量(二)

注意

① 安置一次仪器为一个测站。

② 连续水准测量时，一个测站观测完后，前视尺一定不要动，要原地反尺子，因为此点起着传递高程的作用；前视尺要是动了地方，就起不了传递高程的作用，后面求出来的高程都是错误的。切记！

1.2.2 测站检测方法

在进行连续水准测量时，若其中任何一个后视或前视读数有错误，都要影响高差的正确性。对于每一测站而言，为了校核每次水准尺读数有无差错，可采用改变仪器高的方法。

变动仪器高法是在同一测站通过调整仪器高度(即重新安置与整平仪器)，两次测得高差，改变仪器高度约 10cm；或者用两台水准仪同时观测，当两次测得高差的差值不超过容许值(如等外水准测量允许值为±6mm)，则取两次高差平均值作为该站测得的高差值。否则需要检查原因，重新观测。

1.2.3 拟定水准路线

在水准测量的施测过程中，测站检核只能检核一个测站上是否存在错误或误差是否超限；例如在转站时转点的位置被移动，测站检核是查不出来的。此外，每一测站的高差误差如果出现符号一致，随着测站数的增多，误差积累起来就有可能是高差总和的误差积累过大。因此为保证测量成果达到一定精度，必须布设某种形式的水准路线，利用一定的条件来检验所测成果的正确性。在一般工程测量中，水准路线主要有以下三种形式。

(1) 附合水准路线。如图 8(a)所示，适用于狭长区域布设。

(2) 闭合水准路线。如图 8(b)所示，适用于开阔区域布设。

(3) 支水准路线。如图 8(c)所示，适用于补充测量。

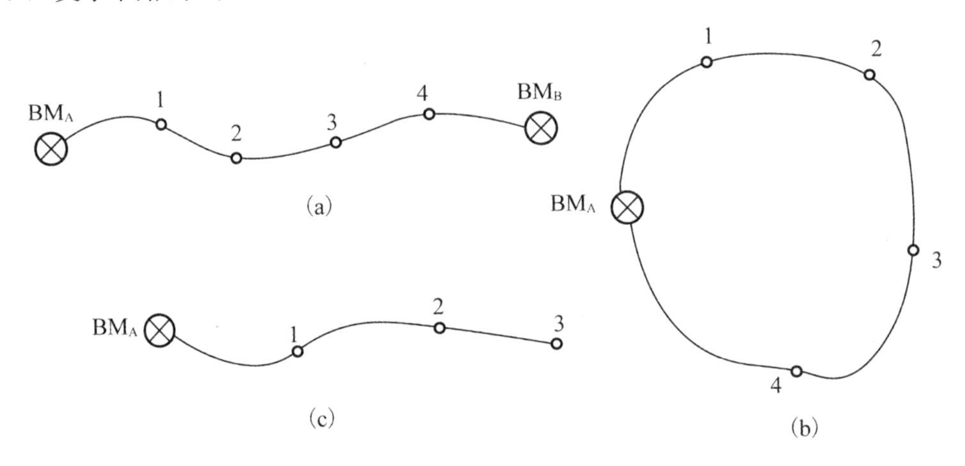

图 8 水准路线

注意

① BM_A、BM_B 为已知水准点，1、2、3、4 等各点为待测高程点。

② 由 BM_A—1、1—2、2—3 等为一个测段，每个测段包含多个测站。

1.2.4 普通水准测量实习任务

任务一：采用变动仪器高法观测四个测站的高差。

任务二：掌握往返观测或闭合水准路线的观测方法测定待测点间的高差。

任务三：对水准测量往、返观测过程中产生的误差进行对比分析。

根据实训组织、实训任务、实训步骤，认真填写《实训报告二 普通水准测量》（见实操训练一，任务一 水准测量）。

1.2.5 注意事项

主要在安置仪器、立尺、观测、记录、计算各个环节严格按照操作规程进执行。

（1）安置仪器。仪器应安置在土质坚实处，并踩实三脚架；前后视距应尽可能相等。

（2）立尺。立尺的转点要选在土质坚实的地方，使前后视距相等，立尺前踏实尺垫，将水准尺竖直，转站时保护好尺垫不受碰动。

（3）观测。安置仪器在适当高度，三脚架腿尽量不要对着水准尺；读数前，消除视差，气泡严格居中；读数仔细、迅速、准确。

（4）记录。配合好观测人员，边回读、边记录，准确无误的记入记录手簿相应栏中，数据不得转抄、擦写。做到“站站清”。

（5）计算。各项都需计算完，检核合格后，才通知观测人员搬站，以减少不必要的返工。

注意

① 搬站时先检查仪器连接螺旋是否固紧，一手托住仪器，一手握住脚架稳步前进。

② 扶尺人员认真竖立水准尺。

③ 水准仪搬站时，应注意保护好原前视点尺垫位置不移动。

④ 前后视距相等，即水准仪安置在前后视尺连线的垂直平分线上。

1.3 水准测量施测方法及成果分析计算实训

1.3.1 内业计算的方法及意义

普通水准测量外业观测结束后，首先应复查与检核记录手簿，计算各点间高差。经检核无误后，根据外业观测的高差计算闭合差。若闭合差符合规定的精度要求，则调整闭合差，最后计算各点的高程。

按水准路线布设形式进行成果整理，其内容包括以下几点。

（1）水准路线高差闭合差计算。

（2）闭合差检核。

（3）高差闭合差的分配和计算。

（4）改正后的高差。

（5）计算各点改正后的高程。

1.3.2 等外水准测量的高差闭合差容许值

不同等级的水准测量，对高差闭合差的容许值有不同的规定。等外水准测量的高差闭合差容许值计算如下。

对于普通水准测量，有$\begin{cases} f_{h容}=\pm 40\sqrt{L}\text{（适用于平原区）} \\ f_{h容}=\pm 12\sqrt{n}\text{（适用于山区）} \end{cases}$

式中：$f_{h容}$——高差闭合差限差，mm；

L——水准路线长度，km；

n——测站数。

在山丘地区，当每千米水准路线的测站数超过16站时，容许高差闭合差$f_{h容}$可用下式计算

$$f_{h容}=\pm 12\sqrt{n}$$

式中：n为水准路线的测站总数。

施工中，如设计单位根据工程性质提出具体要求时，应按要求精度施测，即$f_h \leqslant f_{h容}$。

1.3.3 三种水准路线的高差闭合差容许值

1. 附合水准路线

$$f_h=\sum h_{测}-\sum h_{理}=\sum h_{测}-(H_{终}-H_{始})$$

2. 支水准路线

$$f_h=\sum h_{往}+\sum h_{返}$$

3. 闭合水准路线

$$f_h=\sum h_{测}-\sum h_{理}=\sum h_{测}$$

4. 闭合水准路线的观测及成果计算

（1）计算闭合差。

（2）检核。

$$f_h \leqslant f_{h容}$$

（3）计算高差改正数。

$$v_i=-\frac{f_h}{\sum l}\times l_i,\quad v_i=-\frac{f_h}{\sum n}\times n_i$$

（4）计算改正后高差。

$$h_{i改}=h_i+v_i$$

（5）计算各测点高程。

$$H_i=H_{i-1}+h_{i改}$$

1.3.4 水准测量施测方法及成果分析计算实习

任务一：掌握闭合水准路线的观测方法。

任务二：掌握闭合水准路线成果计算方法。

根据实训组织、实训任务、实训步骤，认真填写《实训报告三 水准测量内业计算》（见实操训练一，任务一 水准测量）。

1.3.5 注意事项

（1）在施测过程中，应严格遵守操作规程。观测、记录、扶尺一定要互相配合好，才能保证测量工作顺利进行。记录应在观测读数后，一边复诵校核、一边立即记入表格，及时算出高差。

（2）放置水准仪时，尽量使前、后视距相等。

（3）每次读数时水准管气泡必须居中。

（4）观测前，仪器都必须进行检验和校正。

（5）读数时水准尺必须竖直，有圆水准器的尺子应使气泡居中；读数后，记录者必须当场计算，测站检核无误，方可迁站。

（6）尺垫顶部和水准尺底部不应沾带泥土，以降低对读数的影响；仪器迁站，要注意不能碰动转点上的尺垫。

（7）前后视线长度一般不超过100m，视线离地面高度一般不应小于0.3m。

注意

① 起点位置要做好标记。

② 观测中要按顺序随时将观测数据记录于表中，以免混乱。

1.4 水准仪的检验与校正

1.4.1 水准仪的主要轴线及其应满足条件

如图9所示，水准仪的有四条主要轴线，即望远镜的视准轴 CC，水准管轴 LL，圆水准轴 $L'L'$，仪器的竖轴 VV。各轴线应满足以下几何条件。

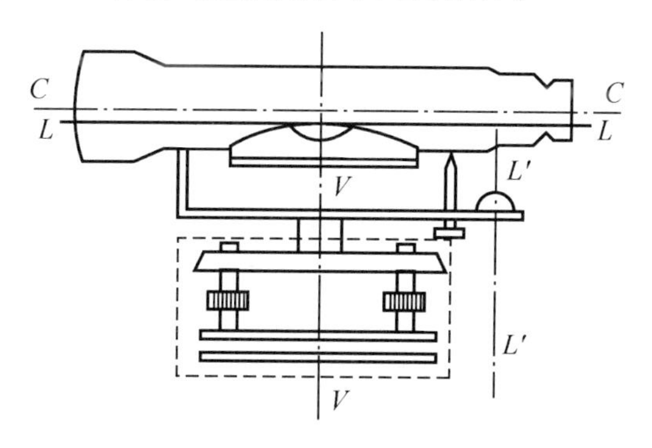

图9 水准仪的轴线

（1）水准管轴 LL//视准轴 CC。即 $LL \parallel CC$ 。当此条件满足时，水准管气泡居中，水准管轴水平，视准轴处于水平位置。

（2）圆水准轴 $L'L'$//竖轴 VV。当此条件满足时，圆水准气泡居中，仪器的竖轴处于垂直位置，这样仪器转动到任何位置，圆水准气泡都应居中。

（3）十字丝垂直于竖轴，即十字丝横丝要水平。这样，在水准尺上进行读数时，可以用十字丝的任何部位读数。

以上这些条件，在仪器出厂前已经严格检校，都是满足的，但是由于仪器长期使用和运输中的震动等原因，可能使某些部件松动，上述各轴线间的关系会发生变化。因此，为保证水准测量质量，在正式作业之前，必须对水准仪进行检验校正。

1.4.2 水准仪的检验与校正方法

1. 圆水准器的检验与校正

目的：使圆水准器轴平行于竖轴，即 $L'L' \mathbin{/\mkern-6mu/} VV$。

要求：掌握检验，了解校正。

检验方法如下。

（1）整平。转动脚螺旋使圆水准器气泡居中。

（2）检验。将仪器绕竖轴转动 180°，如气泡仍然居中，说明使圆水准器轴平行于竖轴，即 $L'L' \mathbin{/\mkern-6mu/} VV$ 此条件满足无须校正。正常使用如果气泡不再居中，说明 $L'L'$ 不平行于 VV，需要校正。

（3）校正。①旋转脚螺旋使气泡向中心移动偏离值的一半；②拨圆水准器上校正螺旋，使气泡退回另一半居中，这样就消除了圆水准器轴与竖轴间的夹角，如图 10 所示，达到了使 $L'L' \mathbin{/\mkern-6mu/} VV$ 平行的目的。

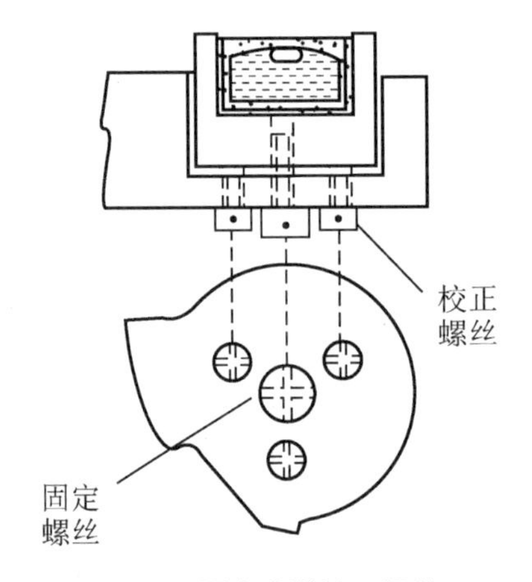

图 10　圆水准器校正螺丝

2. 十字丝横丝的检验与校正

目的：当仪器整平后，十字丝的横丝应水平，即横丝应垂直与竖轴。

要求：掌握检验，了解校正。

检验方法：整平仪器，将望远镜十字丝交点至于墙上一点 P，固定制动螺旋，转动微动螺旋。如果 P 点始终在横丝上移动，则表明横丝水平。如果 P 点不在横丝上移动(如图 11 所示)，表明横丝不水平，需要校正。

校正：松开四个十字丝环的固定螺丝，如图 12 所示，按十字丝倾斜方向的反方向微微转动十字丝环座，直至 P 点的移动轨迹与横丝重合，表明横丝水平。校正后将固定螺丝拧紧。

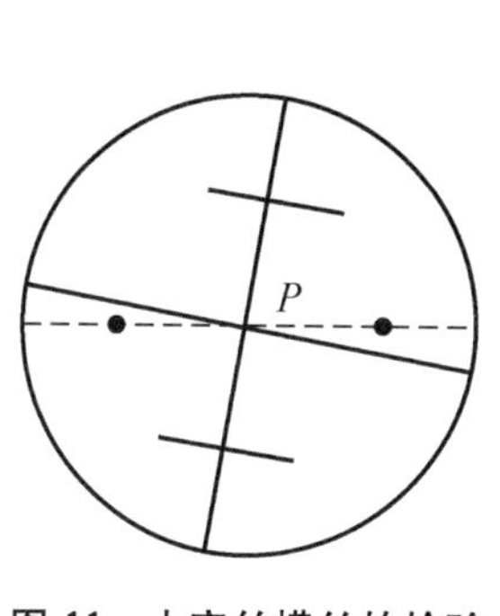

图 11 十字丝横丝的检验

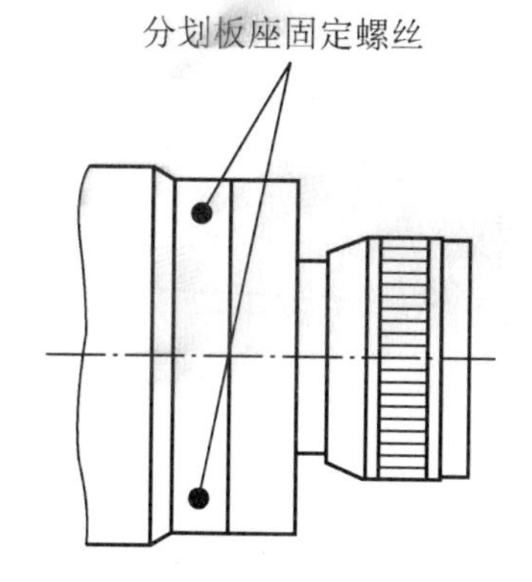

图 12 十字丝横丝的校正

3. 水准管轴平行于视准轴(i 角)的检验与校正

目的：使水准管轴平行于望远镜的视准轴，即 $LL \parallel CC$ 。

要求：掌握检验，了解校正。

检验方法：选择有适当高差的地面水平距离为 30m，在地面上定出 A、B 两点，如图 13 所示。

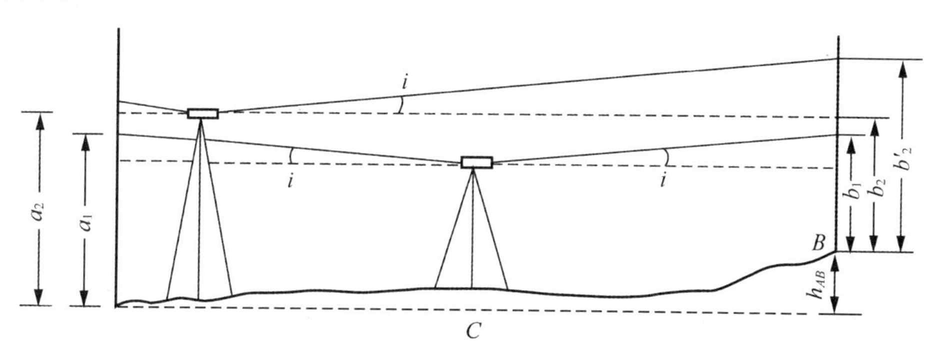

图 13 水准管轴的检验

(1) 取得正确高差。将水准仪置于与 A、B 两点中间 C 点处，用仪器高法(或双面尺法)测定 A、B 两点间的高差 h_{AB} ，则：$h_{AB}=a_1-b_1$ ；$h'_{AB}=a'_1-b'_1$ 两次高差之差小于 3mm 时，取其平均值作为 A、B 间的高差。此时，测出的高差值是正确的。如有误差 Δ，但因 $BC=AC$ ，则 $\Delta a=\Delta b=\Delta$ ，则

$$h_{AB}=(a_1-\Delta)-(b_1-\Delta)=a_1-b_1$$

在计算过程中抵消了。

(2) 检验。将仪器搬至距 A 尺(或 B 尺)3～5m 处，如图 14 所示。

精平仪器后，获取 $h'_{AB}=a_2-b_2$ ；如两次获取的 $h_{AB}=h'_{AB}$ 相等说明使水准管轴平行于望远镜的视准轴，即 $LL \parallel CC$ 。如两次获取的 $h_{AB} \neq h'_{AB}$ 说明使水准管轴不平行于望远镜的视准轴，则需要校正。

因为仪器距 A 尺很近，忽略 i 角的影响。根据近尺读数 a_2 和高差 h_{AB} 计算出 B 尺上水平视线时的应有读数为

$$b_{2应}=a_2-h_{AB}$$

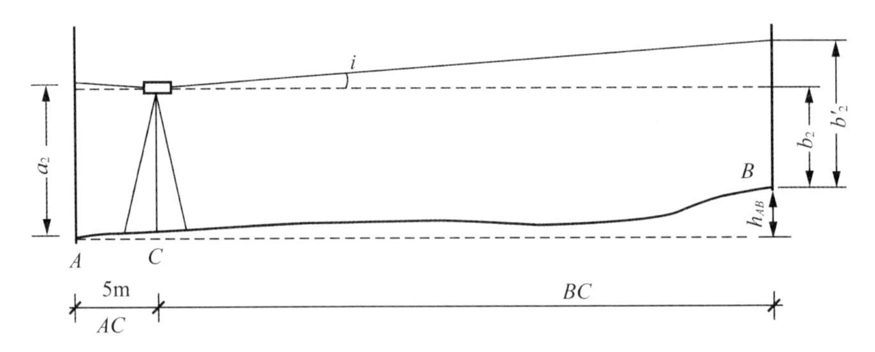

图 14　水准管轴的检验

然后，转动望远镜照准 B 点上的水准尺，精平仪器读取读数。如果实际读出的数 $b'_2 = b_{2应}$，说明 $LL \parallel CC$。否则，存在 i 角，其值为

$$i = \frac{b'_2 - b_{2应}}{D_{AB}} \times \rho$$

或

$$i = \frac{h_{AB} - h'_{AB}}{D_{AB}} \times \rho$$

式中：D_{AB}——A、B 两点间的距离；$\rho = 206\ 265''$。

对于 DS_3 型水准仪，当 $i > 20''$时，则需校正。

（3）校正。转动微倾螺旋，使中丝在 B 尺上的读数从 b'_2 移到 b_2，此时视准轴水平，而水准管气泡不居中。用校正针拨动水准管的上、下校正螺丝，如图 15 所示，使符合气泡居中。校正以后，变动仪器高度再进行一次检验，直到仪器在 A 端观测并计算出的 i 角值符合要求为止。

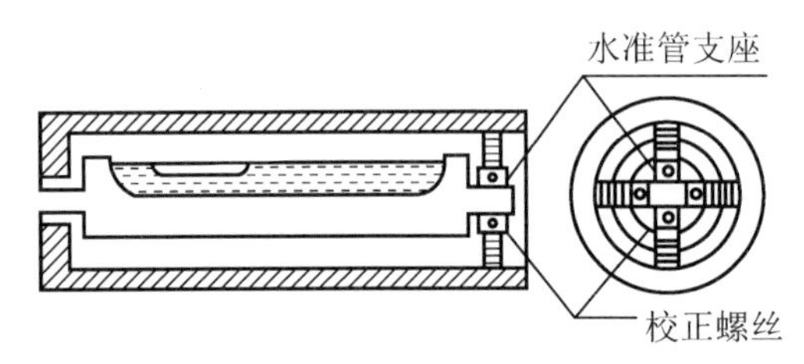

图 15　水准管轴的校正

注意

校正方法有两种。

① 校正水准管——旋转微倾螺旋，使十字丝横丝对准 $b_2 = a_2 - h_{AB}$，拨动水准管“校正螺丝”，使水准管气泡居中。

② 校正十字丝——可用于自动安平水准仪。

保持水准管气泡居中，拨动十字丝上下两个“校正螺丝”，使横丝对准 b_2。

1.4.3　水准仪的检验与校正实习任务

（1）任务一。圆水准器的检验与校正。

（2）任务二。十字丝横丝的检验与校正。

（3）任务三。水准管轴平行于视准轴（i 角）的检验与校正。

根据实训组织、实训任务、实训要求，认真填写《实训报告四 水准仪的检验与校正》（见实操训练一，任务一 水准测量）。

1.4.4 注意事项

（1）仪器校正时要使用水准仪专用校正针。

（2）圆水准器轴平行于竖轴及水准管轴平行于视准轴的校正可由学生来完成，十字丝的校正必须由专业人员到校正台校正。

项目二

角度测量

引 言

角度测量即建筑施工放线是工程建设施工过程中具有重要意义和作用。其中水准测量贯穿了建筑施工测量的始终，确保建筑物施工质量，保证建筑物的安全运行及使用。

实训的意义与目的：在于使学生在校所学的知识，通过实训实操练习，熟练掌握各种测量仪器的使用和实测方法，在工程中直接应用，真正做到与施工现场零距离接轨。

2.1 DJ6、DJ2 型经纬仪的认识与使用

2.1.1 熟练掌握经纬仪使用方法及步骤

经纬仪的使用，一般分为对中、整平、调焦瞄准和读数四个步骤。

(1) 安置仪器。对中、整平在实践中有三种方法。

对中的目的：是使水平度盘中心和测站点标志中心在同一铅垂线上(对中、整平应反复操作)。

整平的目的：是使水平度盘处于水平位置和仪器竖轴处于铅垂位置(对中、整平应反复操作)。

① 垂球对中法。松开三脚架腿的固定螺旋，提起架头使三个架腿一样高，高度一般与胸高或略矮于胸部，拧紧固定螺旋，打开三脚架，架头大致水平，在三脚架的连接螺旋上悬挂垂球，平移三脚架使垂球尖对准测站中心，这样架头中心和站点标志中心在同一铅垂线上。安置仪器，先调节三个脚螺旋基本一样高，再将三脚架连接螺旋与仪器固定。先通过光学对点器看地面的测站中心是否在视线范围，如在视线范围，先整平，如不在视线范围内重新卸下仪器，重复垂球对中(如图 16 和图 17 所示)。

② 目测对中法。松开三脚架腿的固定螺旋，提起架头使三个架腿一样高，高度根据观测者身高确定，一般略低于胸部，拧紧三个脚腿固定螺旋，打开三脚架使架头大致水平，中指调平连接板闭上一只眼睛(即闭上右眼)使左眼靠近架头连接孔，平移架头使架头中心初步对准测站标志中心；再将左眼通过连接孔中心与地面上测量标志中心在同一铅垂

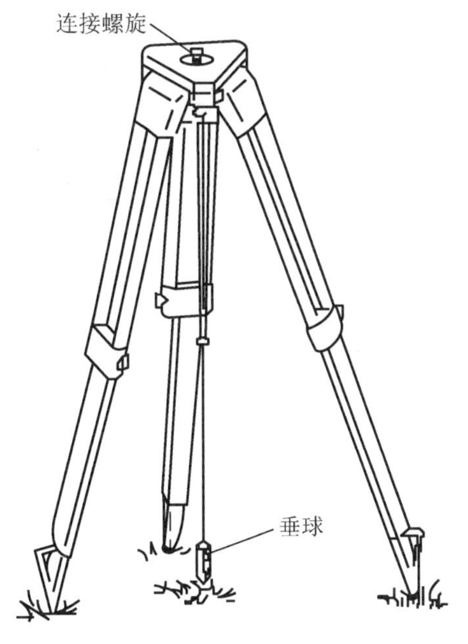

图 16 垂球法对中

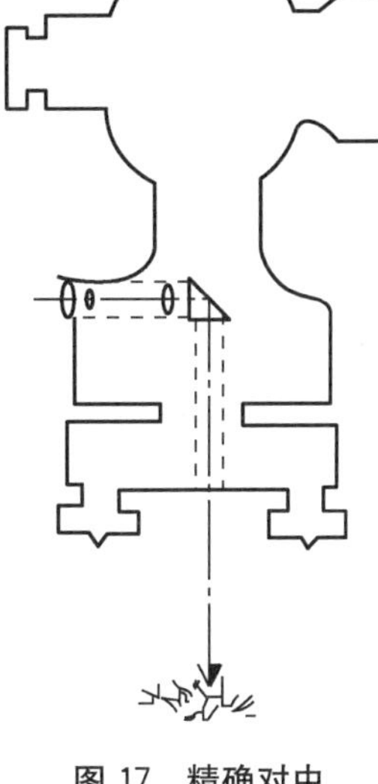

图 17 精确对中

线上重合，架头大致水平。然后，开箱取出仪器，调节三个脚螺旋一样高，连接在三脚架架头中心上。

③ 施工现场对中法。松开三脚架腿的固定螺旋，提起架头使三个架腿一样高，要在三脚架的连接螺旋上悬挂垂球，先使垂球对准测站中心，再将三脚架的两个脚腿拆入土中，最后调节第三只脚腿的长度，使架头大致水平垂球对准测站中心后，再拧紧脚腿的固定螺旋，拆入土中。然后，开箱取出仪器，调节三个脚螺旋一样高，连接在三脚架架头中心上。

(2) 粗略对中。三脚架大致对中整平结束后，先用左眼通过对点器看一下地面标志是否在视线范围内，如在视线范围内，先整平后再对中。

如不在视线范围内按以下两点对中。

① 如在坚硬的地面上，用操作者的脚尖放在标志上方晃动脚尖判断一下标志偏离的方位，这时可平端三脚架，此时左眼看着对点器，使对点器中心与地面测站中心在同一铅垂线上重合，架头大致水平。

② 如在施工现场三个架脚已踩入土中，应分别调节三个架腿的长度，眼睛看着对点器，使对点器中心与地面测站中心在同一铅垂线上重合，使圆水准器气泡居中。

(3) 粗略整平。调节三个脚螺旋，使圆水准器居中，气泡运动规律与左手大拇指运动方向一致。

(4) 精确整平。转动照准部，将管水准器与圆水准器在同一铅垂面上，调节同一铅垂面上的两个脚螺旋，使管水准器气泡居中，如图 18(a)所示；然后转动照准部 90°，调节第三只脚螺旋使管水准器气泡居中。此时圆水准器气泡必须同时居中。否则，仪器各轴线不满足几何条件，仪器不能使用需要校正，如图 18(b)所示。

(5) 精确对中。眼睛通过对点器，看对点器中心与地面标志中心是否在同一铅垂线上；若有偏离，稍微松开仪器与三脚架头的连接螺旋，使仪器在三脚架头上前后左右平

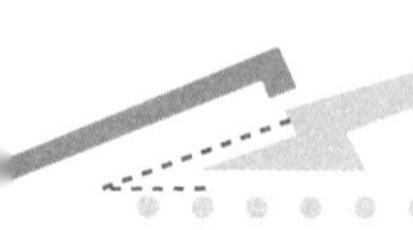

移，使对点器中心与地面标志中心在同一铅垂线上重合(如图 19 所示)。

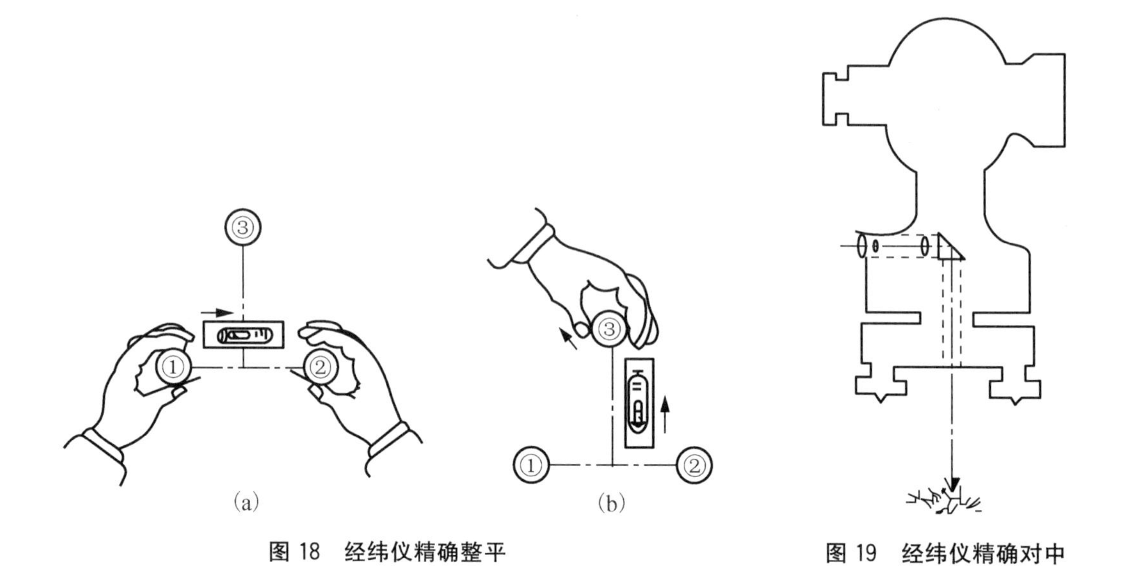

图 18 经纬仪精确整平

图 19 经纬仪精确对中

对中、整平要同时达到精度要求为止。所以应反复操作步骤(4)、(5)，直至完全达到精度要求。如不能达到此项要求所测角度就达不到施工精度要求。

(6) 概略瞄准。闭上一只眼睛看瞄准器的三角尖与目标在同一方向线上。

注意

从瞄准器里看不到目标，只有个三角形。

(7) 调焦、照准。在概略瞄准的基础上，转动物镜对光螺旋使物体清晰，再转动上下微动螺旋使十字丝交点准确瞄准目标(如图 20 所示)。

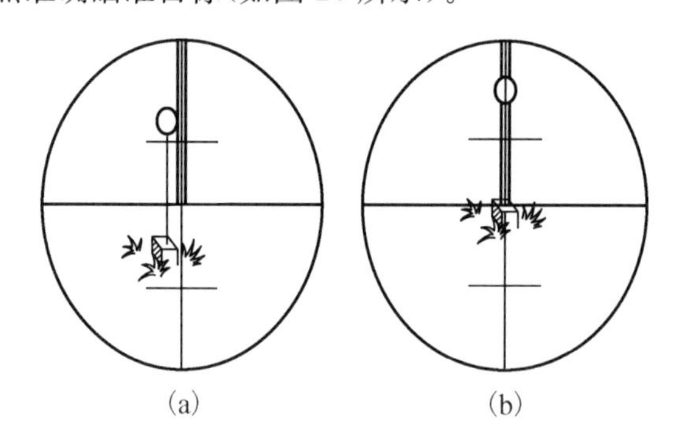

图 20 经纬仪调焦、照准

(8) 读取读数。DJ6 型光学经纬仪读数方法如下。

① 打开反光镜使光线折射到度盘测微器上。

② 在水平角观测中要求起始目标读数为 0°00′00″，转动度盘变换手轮使度盘 0°与分微尺 00′00″重合，如图 21(a)所示。

③ 照准第二个目标，直接在读数显微镜里读取读数即可，如图 21(b)所示。

DJ2 型光学经纬仪读数方法如下。

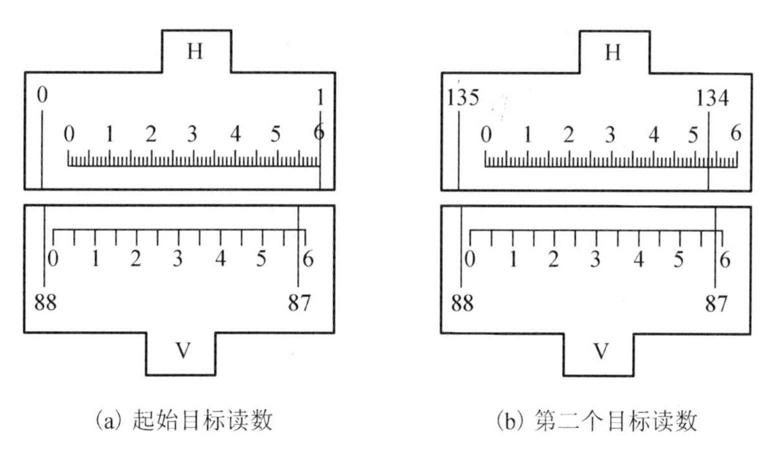

(a) 起始目标读数　　(b) 第二个目标读数

图 21　DJ6 型光学经纬仪刻度表

在水平角观测中要求起始读数为 0°00′00″对镜分划线重合，其操作方法如下。

① 分微尺为 0′00″，首先顺时针转动测微轮到头再少倒回一点即可找到 0′00″(8 为测微轮)。

② 度盘为 0°00′对镜分划线重合，转动度盘变换手轮使度盘为 0°00′中间窗口对镜分划线重合(12 为度盘变换手轮)，如图 22 所示。

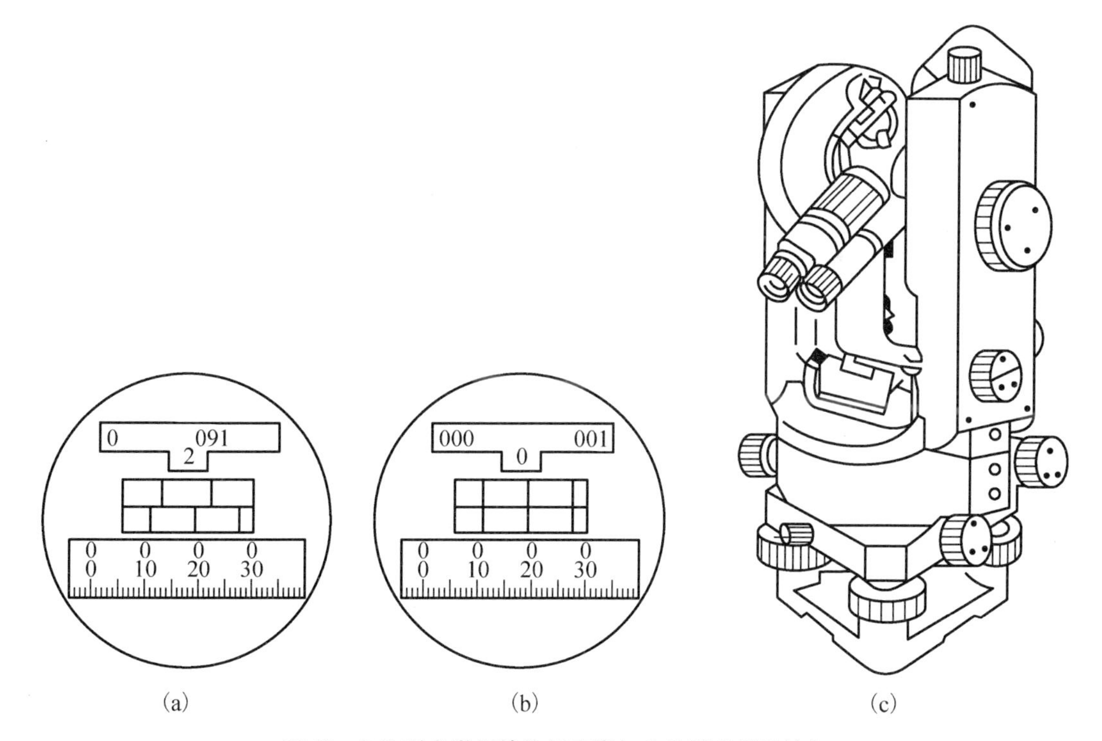

(a)　(b)　(c)

图 22　DJ2 型光学经纬仪刻度表与 DJ2 型光学经纬仪

③ 每一次瞄准目标读取读数时必须使对镜分划线重合，操作时转动测微轮(8 为测微轮)使对镜分划线重合后再读取水平度盘读数，如图 23(b)所示，读数为 91°23′22.5″。

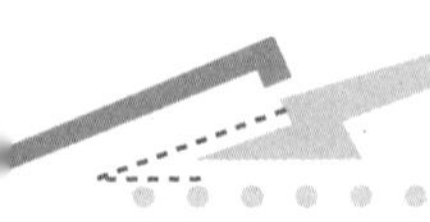

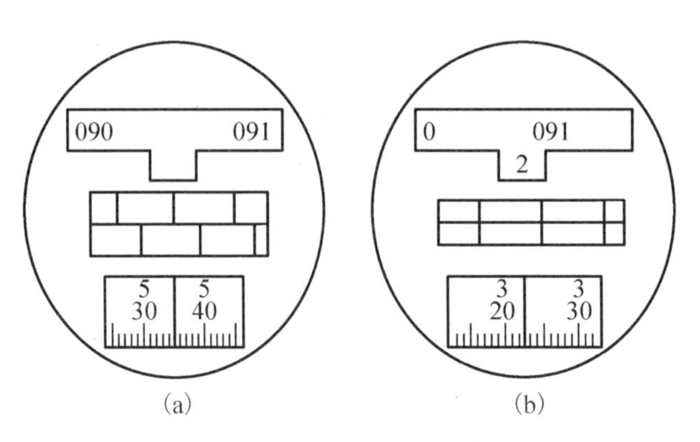

图 23　经纬仪水平度盘读数

2.1.2　实习任务

熟悉经纬仪各部件构造、名称、位置及各部件的作用。初步熟悉经纬仪的操作步骤。最后填写《实训报告一 经纬仪的认识与使用》（见实操训练一，任务二 角度测量），并上交。

2.1.3　注意事项

（1）在实训期间仪器跟前不准离人，以防人为的跑动碰倒仪器，或是大风刮倒仪器。

（2）正确使用仪器各部分螺旋，应注意对螺旋不能用力强拧，以防损坏。

（3）操作中管水准器要与圆水准器同时居中，否则仪器不满足条件。

2.2　测回法水平角观测实训

2.2.1　熟练掌握测回法观测水平角方法

安置经纬仪 O 点—对中—整平—照准—调焦，如图 24 所示。

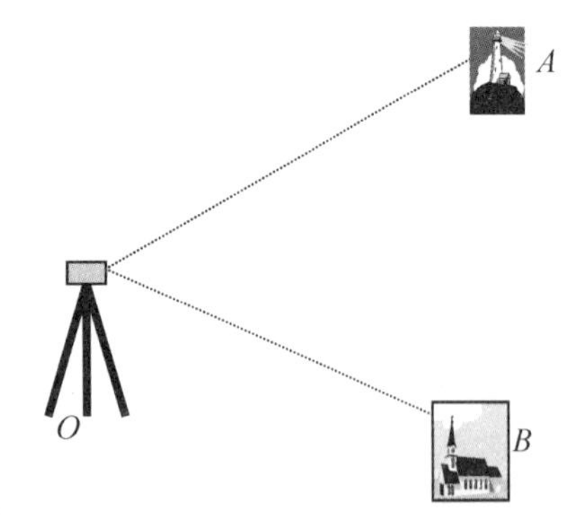

图 24　测回法观测水平角

（1）盘左。先瞄准左边 A 目标读取读数，起始读数为 $0°00'00''$；顺时针再瞄准右边 B 目标读取读数，为上半测回。

$$\beta_{左}=b_{左}-\alpha_{左}$$

（2）盘右。先瞄准右边 B 目标读取读数，逆时针再瞄准左边 A 目标读取读数，为下半测回。

$$\beta_{右}=b_{右}-\alpha_{右}$$

（3）一测回精度要求。

$$\Delta\beta=\beta_{左}-\beta_{右}\leqslant\pm 40''$$

（4）一测回水平角观测值。

$$\beta=\frac{1}{2}(\beta_{左}+\beta_{右})$$

2.2.2 实训任务

观测一测回水平角，填写《实训报告二 测回法水平角观测实训》(见实操训练一，任务二 角度测量)。

2.2.3 注意事项

(1) 经纬仪的对中、整平要反复进行严格同时达到要求，否则所测出的水平角不是工程中所需要的角度。

(2) 水平角起始读数要求是 0°00′00″。

(3) 盘左、盘右瞄准时要用十字丝纵丝准确瞄准同一目标。

(4) DJ2 级光学经纬仪读数时一定要对镜分划窗口上下格重齐，才能读取读数。

(5) 盘左、盘右读取读数时应整相差 180°。

2.3 电子经纬仪水平角观测实训

2.3.1 熟练掌握电子经纬仪使用方法

熟练掌握电子经纬仪显示屏各按键的名称及作用(如图 25 所示)。

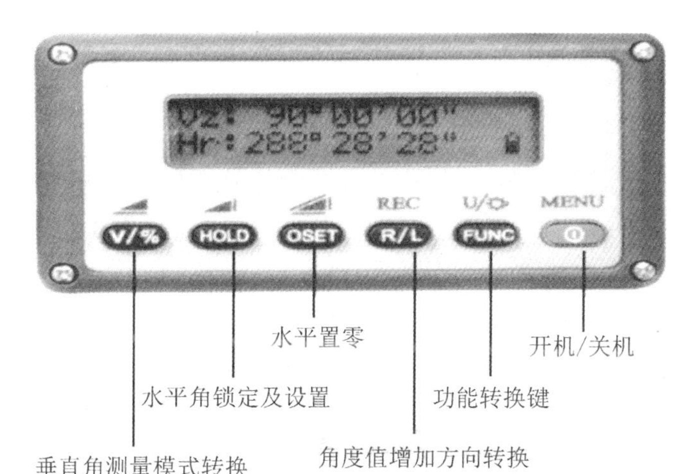

图 25 电子经纬仪显示屏

V/% ——竖直角/坡度转换键，单击——VZ，再单击——V%。

HOLD ——水平角锁定键，双击 HOLD ——锁定 288°28′28″，转动照准部读数不变(方便记录角度值)。

OSET ——水平置零键，双击 OSET ——0°00′00″。

R/L ——度盘刻划转换键，单击——L(左)，经纬仪向左旋转读数增加，即逆时针度盘读数增加；再单击——R(右)—— Hr，经纬仪向右旋转读数增加，即顺时针度盘读数增加。

FUNC——功能转换键(不与光电测距仪链接此键没用)。

(开关按键图示)——开关。

注意

电子经纬仪R/L与光学经纬仪盘左、盘右的意义不同，电子经纬仪右是顺时针增加。所以在电子经纬仪的使用中只提 Hr——读数顺时针增加。

2.3.2 掌握电子经纬仪测回观测水平角方法

同光学经纬仪观测水平角方法相同，如图 24 所示，安置经纬仪 O 点—对中—整平—照准—调焦—读数—记录。

（1）盘左。先瞄准左边 A 目标读取读数，起始读数为 $0°00'00''$；顺时针再瞄准右边 B 目标读取读数，为上半测回。

$$\beta_{左}=b_{左}-\alpha_{左}$$

（2）盘右。先瞄准右边 B 目标读取读数，逆时针再瞄准左边 A 目标读取读数，为下半测回。

$$\beta_{右}=b_{右}-\alpha_{右}$$

（3）一测回精度要求。

$$\Delta\beta=\beta_{左}-\beta_{右}\leqslant\pm 40''$$

（4）一测回水平角观测值。

$$\beta=\frac{1}{2}(\beta_{左}+\beta_{右})$$

2.3.3 实训任务

（1）熟悉电子经纬仪功能键的使用。

（2）观测一测回水平角，填写《实训报告三 电子经纬仪水平角观测实训》（见实操训练一，任务二 角度测量）。

2.4 角度闭合差实训

2.4.1 角度闭合差实训的意义

（1）几何三角形水平角闭合差训练（如图 26 所示）主要意义有两点。

一是工程中电子经纬仪已普遍使用为让学生熟练掌握水平角观测多加练习。

二是在练习中必须要达到精度要求才能运用到工程中，否则没有意义。

（2）掌握几何图形水平角闭合差平差计算方法。几何多边形平差有一级平差、二级平差。

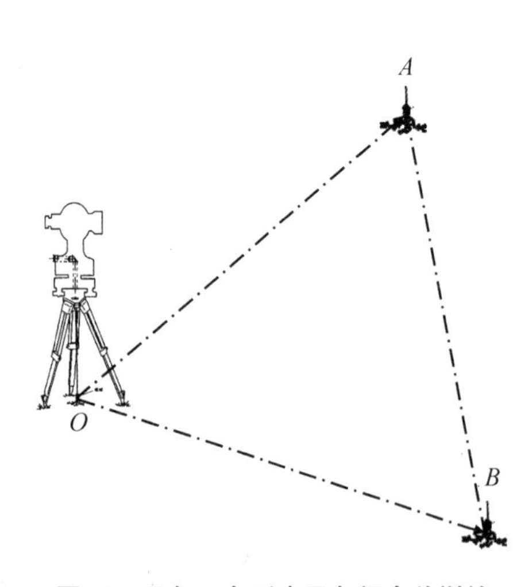

图 26 几何三角形水平角闭合差训练

2.4.2 几何多边形观测

几何多边形观测的主要意义如下。

（1）工程中的定位放线无非是长方形、正方形、L 形、T 形等，都必须进行 90°、三角形的放样及检测。

（2）工程中放样完 *AOBC* 后必须检查四个角及长和宽是否达到设计要求否则重放，如图 27 所示。

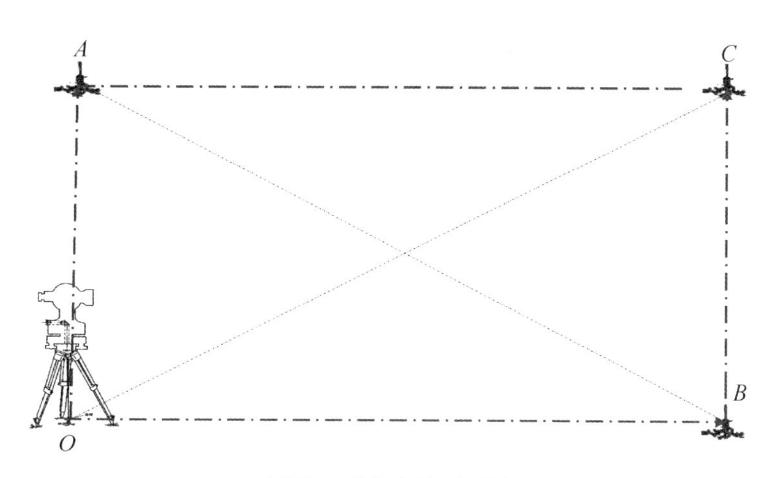

图 27　几何多边形观测

（3）工程中的定位放线三家要进行验收的否则不合格不准开工。所以学生放样完必须熟练检验方法。对自己定的 *AOBC* 四个点是否能达到精度要求进行检查。多加练习增加工程定位放样信心。

2.4.3　实训任务

（1）使用电子经纬仪观测三角形$\angle AOB$，$\angle OAB$，$\angle ABO$，计算内角之和 180°之差。

（2）使用电子经纬仪观测四边形$\angle AOB$，$\angle OBC$，$\angle BCA$，$\angle CAO$，计算内角之和 360°之差。

（3）观测三角形 *AOB*、*AOC*、*ABC* 等三角形内角之和 180°之差。

（4）填写《实训报告四 角度闭合差实训》（见实操训练一，任务二 角度测量）。

2.5　竖直角及垂直度观测

2.5.1　竖直角观测操作的基础知识

（1）竖直角的特殊构造。望远镜与横轴固连在一起，横轴与竖直度盘固定在一起。望远镜在竖直面内可旋转 360°，竖直度盘跟着望远镜一起旋转。

（2）观测竖直角望远镜横丝切准目标，固定望远镜制动螺旋，读取观测值 L 或 R，代入竖直角公式计算。

① 盘左。$\alpha_{左} = 90° - L$

② 盘右。$\alpha_{右} = R - 270°$

③ 精度要求。$X = \dfrac{1}{2}[(L + R) - 360°]$

④ 竖直角。$\beta=\frac{1}{2}(\beta_{左}-\beta_{右})$

⑤ 验算值。$L+R=360°$

2.5.2 垂直度的观测方法

1）建筑物或柱子垂直度观测方法

（1）如图28所示，安置经纬仪于观测棱边的45°延长线上，离开棱边距离≥1.5H选择观测点。

（2）安置仪器，精确对中、整平。

（3）概略瞄准。

（4）目镜调焦。

（5）物镜调焦。

（6）准确瞄准。

垂直度观测：望远镜十字丝纵丝瞄准所测建筑物边缘的顶部，固定照准部望远镜往下辐射到建筑物的底部，量取偏差值计算偏差度$i(i=\delta/H)$，如图29所示。

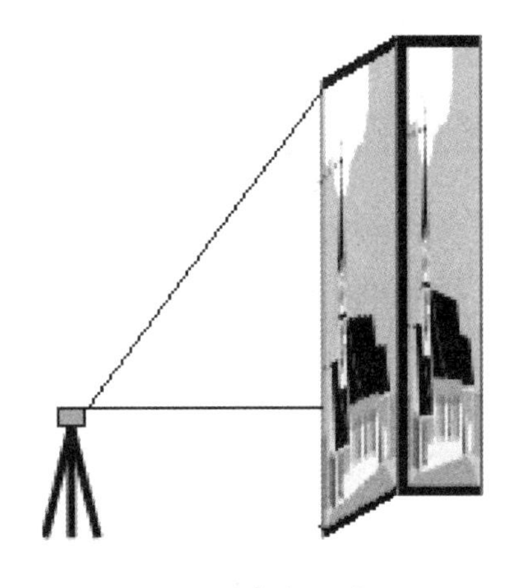

图28　垂直度观测(一)

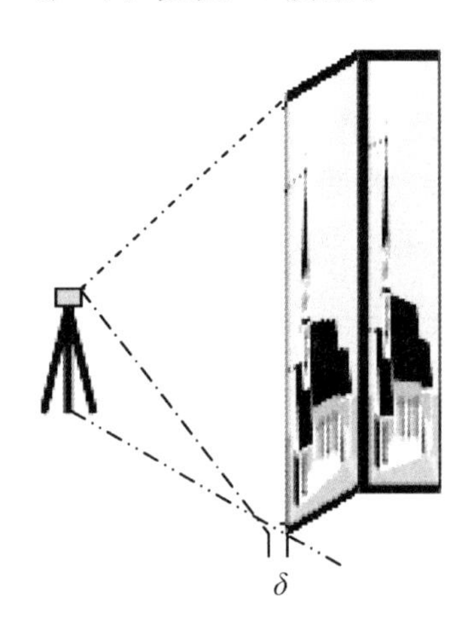

图29　垂直度观测(二)

2）建筑物高度计算

（1）如不知道建筑物的总高，也可以一层高为标准进行测量。

（2）可通过观测竖直角及测站到建筑物水平距离，利用勾股定理计算建筑物的总高。

2.5.3 实训任务

竖直角观测：建筑物垂直度观测并填写《实训报告五 竖直角及垂直度观测实训》（见实操训练一，任务二 角度测量）。

2.6 经纬仪的检验与校正

2.6.1 经纬仪的检验与校正在工程中的意义及作用

经纬仪在工程中最主要的作用是定位放线，如一栋建筑定位放线精度达不到要求，这栋建筑就无从进行施工。要想定位放线达到精度要求就必须对经纬仪进行检验与校正达到合格。

2.6.2 经纬仪为什么要满足几何条件

（1）经纬仪的轴线，如图 30 所示。

① 望远镜的视准轴 CC。

② 望远镜的旋转轴(横轴)HH。

③ 仪器的旋转轴(竖轴)VV。

④ 照准部的水准管轴 LL。

（2）应满足的几何条件如下。

① 照准部水准管应垂直于竖轴。

② 视准轴应垂直于横轴。

③ 横轴应垂直于竖轴。

④ 十字丝竖丝应垂直于横轴。

⑤ 竖盘指标差应为零。

⑥ 光学对点器视准轴的折光轴应与仪器竖轴重合位于铅垂线上。

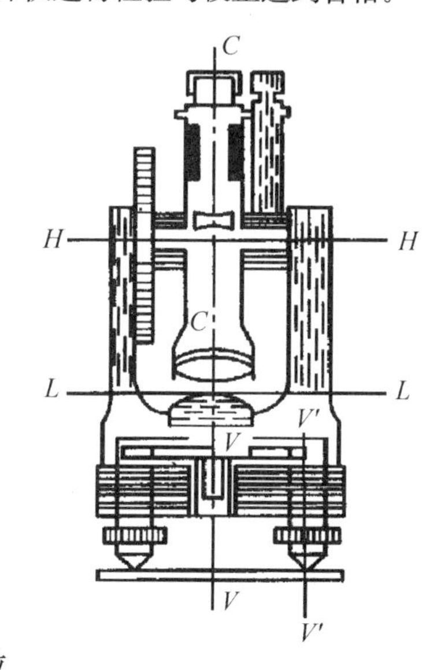

图 30 经纬仪的轴线

2.6.3 施工中角度测量为什么必须采用盘左、盘右观测

（1）盘左观测角值盘右检查所观测角度的正确性，如在允许范围盘左盘右有秒数误差，可取其平均值为最后角度值。

（2）由盘左观测完角度倒转望远镜，望远镜绕横轴旋转 180°，照准部再绕竖轴旋转 180°成盘右位置观测角度，同时检查了望远镜视准轴与横轴是否垂直，横轴与竖轴是否垂直，即盘左读数与盘右读数相差是否为 180°，如图 31 所示。

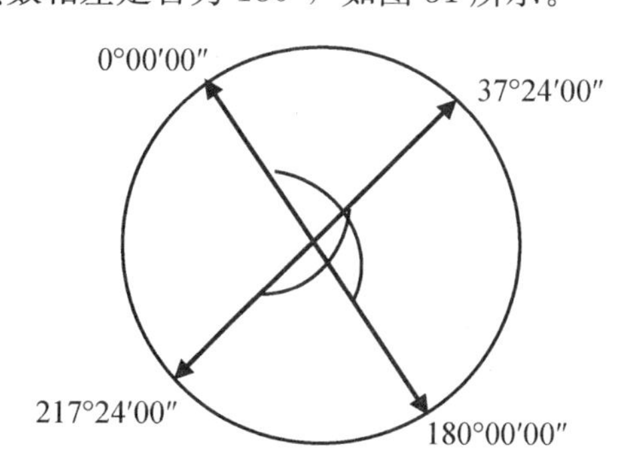

图 31 盘左盘右观测

项目三

距离测量

距离测量指的是测量地面上两点连线长度的工作。通常需要测定的是水平距离，即两点连线投影在某水准面上的长度。它是确定地面点的平面位置的要素之一。测量地面上两点连线长度的工作是测量工作中最基本的任务之一。通常需要测定的是水平距离，即两点连线投影在某水准面上的长度。距离测量的方法有量尺量距、视距测量、视差法测距和电磁波测距等，可根据测量的性质、精度要求和其他条件选择。

距离测量实训的目的是培养将理论知识运用到实践中解决实际问题的能力，因此要求必须有足够的知识储备，运用能力和熟练的仪器操作能力。在进行实地测量时有很多情况是意想不到的，在书上也没有解决方法，这就需要应用已有知识具体情况具体分析，找到最佳解决方案，得到解决方案后也要认真分析，并领会解决方案的精髓，以便日后遇到同样或类似的问题能够顺利解决。

项目四

全站仪的应用

引言

1. 全站仪简介

全站仪又称全站型电子速测仪(Electronic Total Station)，在测站上安置好仪器后，除照准需人工操作外，其余可以自动完成，而且几乎在同一时间得到平距、高差和点的坐标。全站仪是由电子测距仪、电子经纬仪和电子记录装置三部分组成。

全站仪采用了光电扫描测角系统，其类型主要有：编码盘测角系统、光栅盘测角系统及动态(光栅盘)测角系统等三种。

1) 按其外观结构，可分为两类

(1) 积木型(Modular，又称组合型)。早期的全站仪，大都是积木型结构，即电子速测仪、电子经纬仪、电子记录器各是一个整体，可以分离使用，也可以通过电缆或接口把它们组合起来，形成完整的全站仪。

(2) 整体型(Integral)。随着电子测距仪进一步的轻巧化，现代的全站仪大都把测距，测角和记录单元在光学、机械等方面设计成一个不可分割的整体，其中测距仪的发射轴、接收轴和望远镜的视准轴为同轴结构。这对保证较大垂直角条件下的距离测量精度非常有利。

2) 按其测量功能，可分成四类

(1) 经典型全站仪(Classical Total Station)。经典型全站仪也称为常规全站仪，它具备全站仪电子测角、电子测距和数据自动记录等基本功能，有的还可以运行厂家或用户自主开发的机载测量程序。其经典代表为徕卡公司的TC系列全站仪。

(2) 机动型全站仪(Motorized Total Station)。在经典全站仪的基础上安装轴系步进电机，可自动驱动全站仪照准部和望远镜的旋转。在计算机的在线控制下，机动型系列全站仪可按计算机给定的方向值自动照准目标，并可实现自动正、倒镜测量。徕卡TCM系列全站仪就是典型的机动型全站仪。

(3) 无合作目标型全站仪(Reflectorless Total Station)。无合作目标型全站仪是指在无反射棱镜的条件下，可对一般的目标直接测距的全站仪。因此，对不便安置反射棱镜的目标进行测量，无合作目标型全站仪具有明显优势。如徕卡TCR系列全站仪，无合作目标距离测程可达 200m，可广泛用于地籍测量，房产测量和施工测量等。

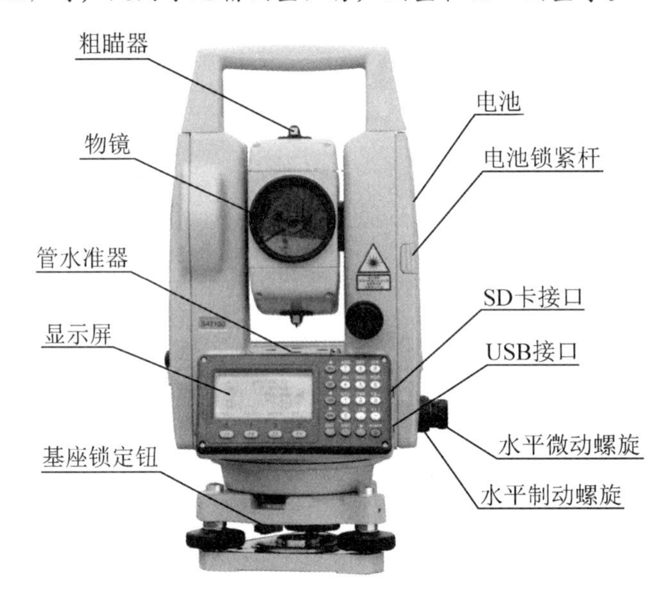

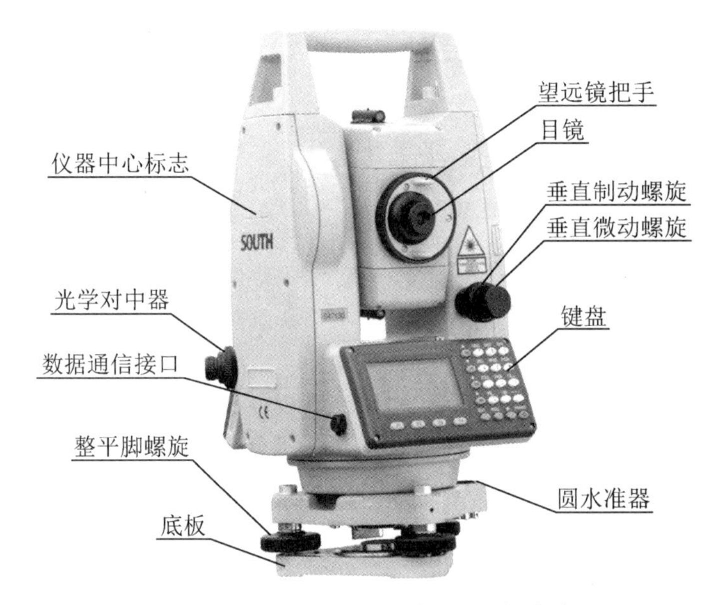

图 32　南方 NTS－360 全站仪外部构造

(4) 智能型全站仪(Robotic Total Station)。在机动化全站仪的基础上，仪器安装自动目标识别与照准的新功能，因此在自动化的进程中，全站仪进一步克服了需要人工照准目标的重大缺陷，实现了全站仪的智能化。在相关软件的控制下，智能型全站仪在无人干预的条件下可自动完成多个目标的识别、照准与测量，因此，智能型全站仪又称为“测量机器人”典型的代表有徕卡的 TCA 型全站仪等。

3) 按测距仪测距，还可以分为三类

(1) 短距离测距全站仪。测程小于 3km，一般精度为$\pm(5mm+5\times10^{-6})$，主要用于普通测量和城市测量。

(2) 中测程全站仪。测程为 3～15km，一般精度为±(5mm＋2×10^{-6})，±(2mm＋2×10^{-6})精度的通常用于一般等级的控制测量。

(3) 长测程全站仪。测程大于 15km，一般精度为±(5mm＋1×10^{-6})，通常用于国家三角网及特级导线的测量。

全站仪的各种型号仪器的基本机构大致相同。本部分实训内容，以南方 NTS－360 系列全站仪为例，进行实训内容。图 32 所示是该系列仪器的外部构造。

2. 全站仪的应用现状

目前，随着计算机技术的不断发展、应用以及用户的特殊要求、其他工业技术的应用，全站仪出现了一个新的发展时期，出现了带内存、防水型、防爆型、电脑型等的全站仪。全站仪的应用也越来越广泛，深入到了市政规划、土木工程、道路工程、桥梁隧道工程、精密工程、矿山开采、历史考古等方面，进行了多种多样的测量工作。

全站仪进行的测量工作主要有以下几点。

(1) 布设控制网，进行控制测量。

(2) 地形图、地籍图等各种地图的测绘。

(3) 工程放样。

(4) 建筑物、构筑物的变形观测。

通过全站仪的实训，就是要使学生们掌握全站仪的基本知识和基本原理，熟悉全站仪的应用，并能够熟练掌握全站仪的使用，进行常规的测量工作。

4.1 全站仪的认识与常规测量实训

4.1.1 实训目的

(1) 认识全站仪的构造，了解仪器各部件的名称和作用。

(2) 初步掌握全站仪的操作要领。

(3) 掌握全站仪测量角度、距离和坐标的方法。

4.1.2 实训任务

1. 具体任务

(1) 选择某点位安置全站仪。

(2) 熟悉全站仪的主要程序界面(以南方 NTS－360 系列全站仪为例，如图 33 所示)。

(3) 每小组成员熟练操作全站仪，选择一个水平角用测回法观测两个测回，计算水平角度值，同时观测水平距离和点的三维坐标，其中，测站点的坐标假设为 O(1000，1000，150)，后视方向 OB 的方位角 $\alpha_{OB}=45°00'00''$。记录观测数据，完成实习报告内容上交。

2. 方法步骤

1) 全站仪的使用方法及步骤

(1) 架设三脚架。将三脚架伸到适当高度，确保三腿等长、打开，并使三脚架顶面近似水平，且位于测站点的正上方。将三脚架腿支撑在地面上，使其中一条腿固定。

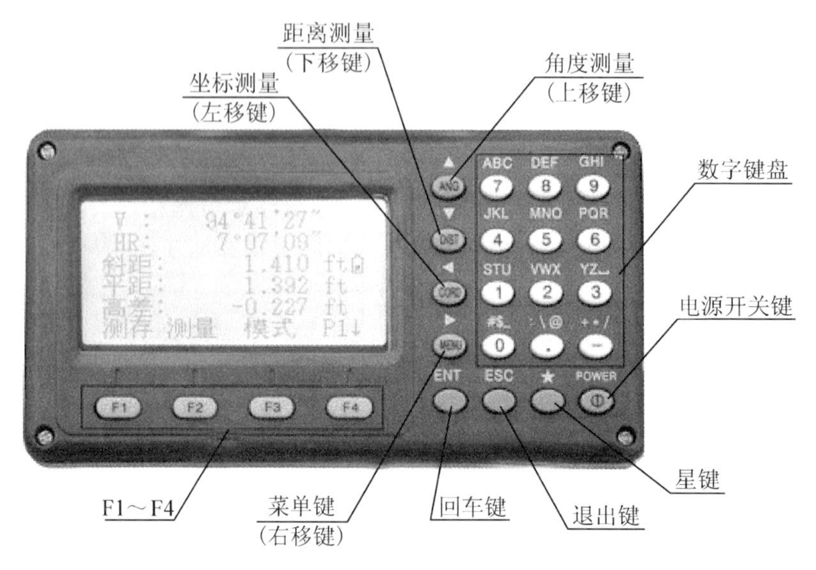

图 33　全站仪程序界面

(2) 安置仪器和对点。将仪器小心地安置到三脚架上，拧紧中心连接螺旋，调整光学对点器，使十字丝成像清晰。双手握住另外两条未固定的架腿，通过对光学对点器的观察调节该两条腿的位置。当光学对点器大致对准测站点时，使三脚架三条腿均固定在地面上。调节全站仪的三个脚螺旋，使光学对点器精确对准测站点。

(3) 利用圆水准器粗平仪器。调整三脚架三条腿的长度，使全站仪圆水准气泡居中。

(4) 利用管水准器精平仪器。

① 松开水平制动螺旋，转动仪器，使管水准器平行于某一对脚螺旋 A、B 的连线。通过旋转脚螺旋 A、B，使管水准器气泡居中，如图 34(a)所示。

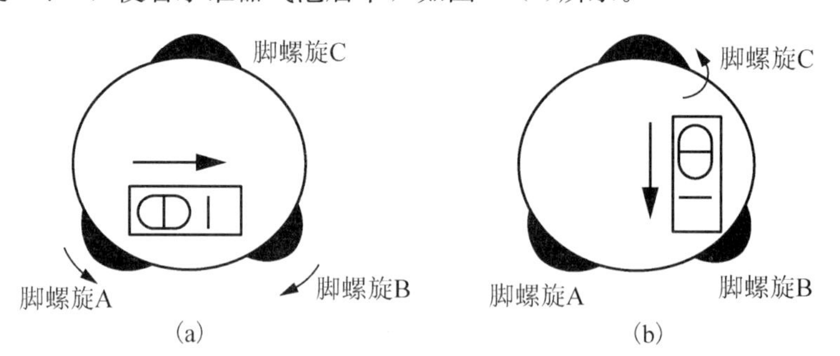

图 34　管水准器精平

② 将仪器旋转 90℃，使其垂直于脚螺旋 A、B 的连线。旋转脚螺旋 C，使管水准器泡居中，如图 34(b)所示。

(5) 精确对中与整平。通过对光学对点器的观察，轻微松开中心连接螺旋，平移仪器（不可旋转仪器），使仪器精确对准测站点。再拧紧中心连接螺旋，再次精平仪器。

此项操作重复至仪器精确对准测站点为止。

2) 角度测量

(1) 选择角度测量模式，测角模式一共有三页菜单，如图 35 角度测量步骤(a)所示。

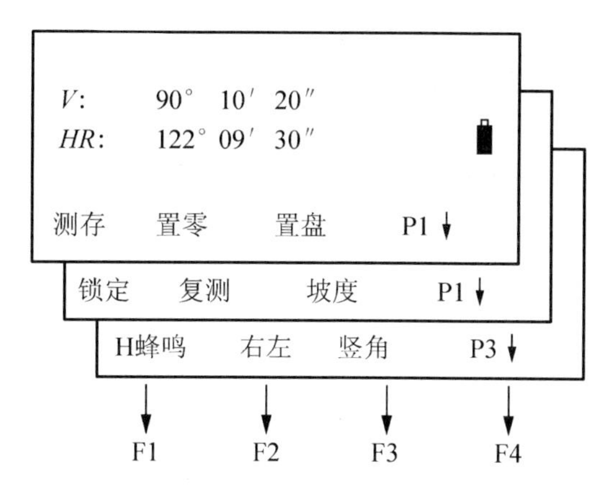

图 35 角度测量步骤(a)

(2) 在第一页菜单下，照准第一个目标 A。

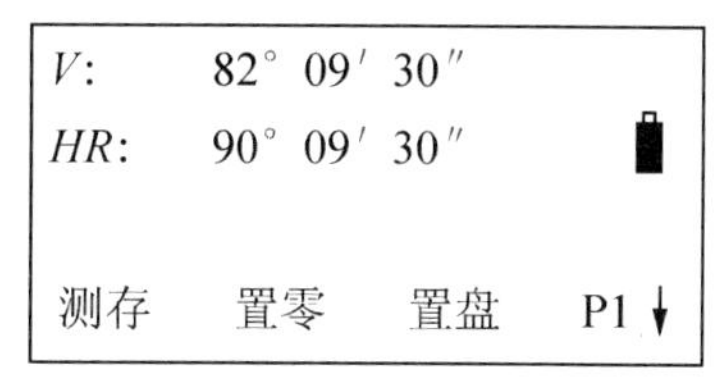

(3) 按[F2](置零)键和[F4](是)键，将设置目标 A 的水平角为 0°00′00″，如图 35(b)所示。

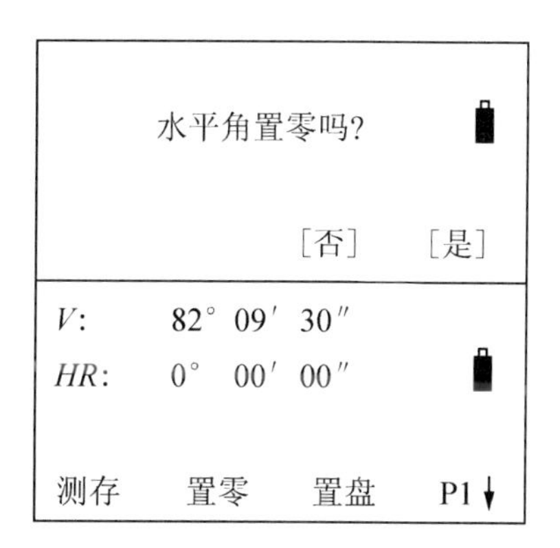

图 35 角度测量步骤(b)

(4) 照准第二个目标 B，显示目标 B 的 V/HR，如图 35(c)所示。

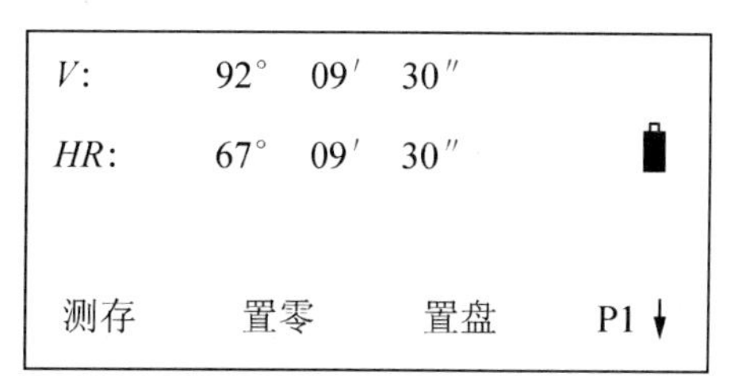

图 35 角度测量步骤(c)

3) 距离测量

(1) 如图 36 距离测量步骤(a)所示，选择距离测量进入距离测量模式，距离测量模式一共两页菜单。

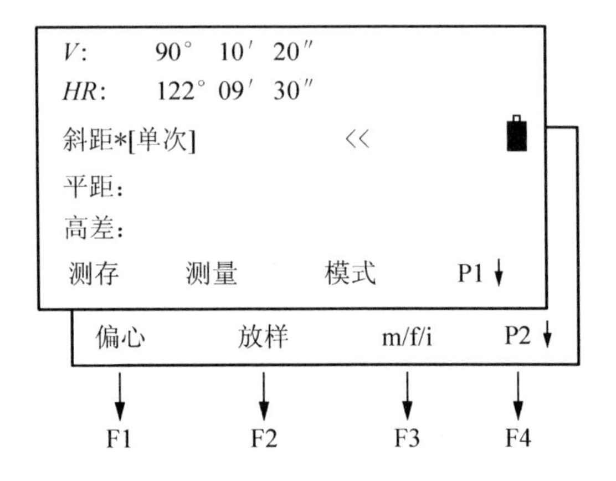

图 36 距离测量步骤(a)

(2) 按[DIST]键，进入测距界面，距离测量开始，如图 36(b)所示。

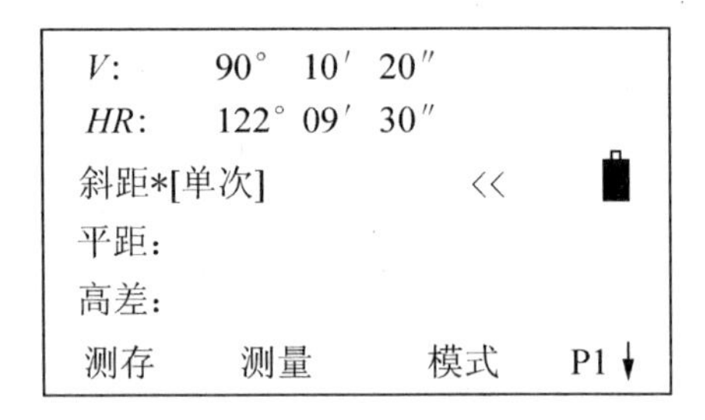

图 36 距离测量步骤(b)

(3) 如图 36(c)所示，显示测量的距离。

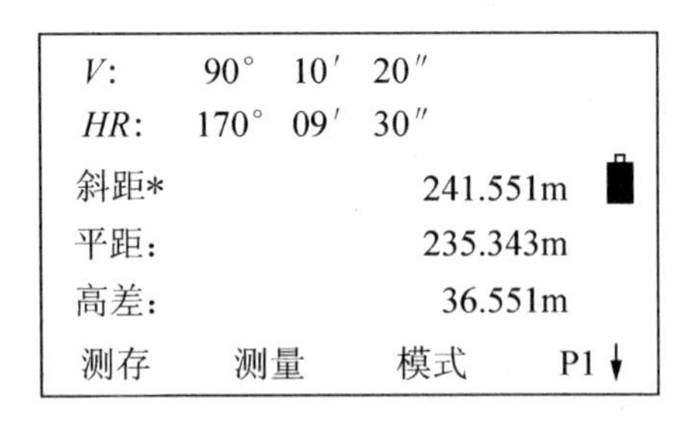

图 36 距离测量步骤(c)

(4) 按[F1](测存)键启动测量，并记录测得的数据，测量完毕，按[F4](是)键，屏幕返回到距离测量模式。一个点的测量工作结束后，程序会将点名自动+1，重复刚才的步骤即可重新开始测量，如图 36(d)所示。

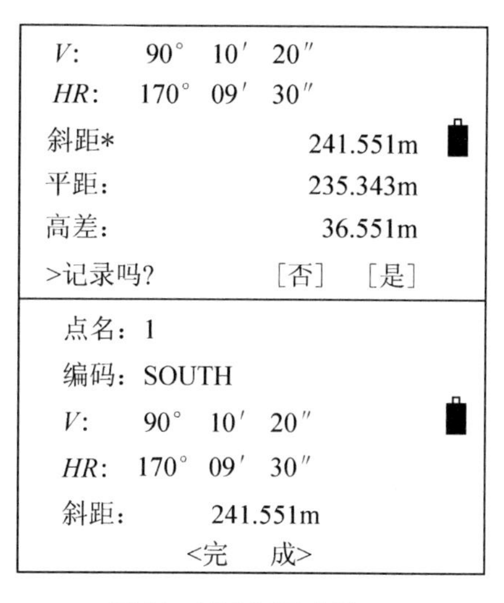

图 36 距离测量步骤(d)

特别提示

当需要改变测量模式时，可按[F3](模式)键，测量模式便在单次精测/N 次精测/重复精测/跟踪测量模式之间切换。

4) 坐标测量

(1) 选择坐标测量进入坐标测量模式，坐标测量模式一共有三页菜单，如图 37 坐标测量步骤(a)所示。

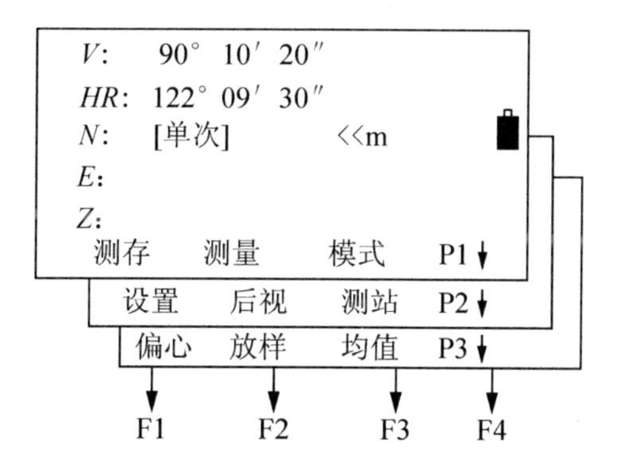

图 37 坐标测量步骤(a)

(2) 设置已知点 A 的方向角，如图 37(b)所示。

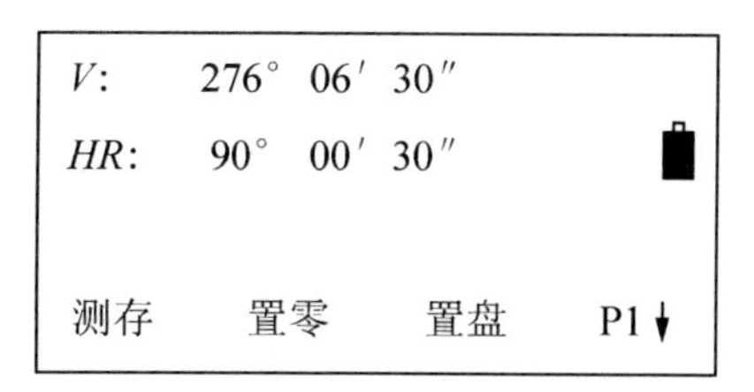

图 37 坐标测量步骤(b)

(3) 照准目标B，按[CORD]坐标测量键，如图37(c)所示。

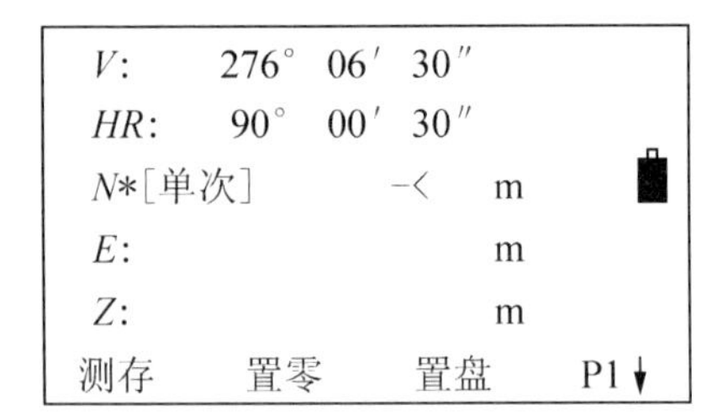

图37 坐标测量步骤(c)

(4) 开始测量，按[F2]（测量）键可重新开始测量，如图37(d)所示。

V: 276° 06′ 30″
HR: 90° 09′ 30″
N: 36.001 m
E: 49.180 m
Z: 23.834 m
测存 测量 模式 P1↓

图37 坐标测量步骤(d)

(5) 按[F1]（测存）键启动坐标测量，并记录测得的数据，测量完毕，按[F4]（是）键，屏幕返回到坐标测量模式。一个点的测量工作结束后，程序会将点名自动+1，重复刚才的步骤即可重新开始测量，如图37(e)所示。

V: 276° 06′ 30″
HR: 90° 09′ 30″
N: 36.001 m
E: 49.180 m
Z: 23.834 m
>记录吗？ [否] [是]

点名：1
编码：SOUTH
N: 36.001 m
E: 49.180 m
Z: 23.834 m
〈完 成〉

图37 坐标测量步骤(e)

特别提示

进行坐标测量，注意要先设置测站坐标、仪器高、目标高及后视方位角。

测站点坐标的设置如下。

(1) 在坐标测量模式下，按[F4]（P1↓）键，转到第二页功能，如图38测站点坐标设置步骤(a)所示。

V:	95° 06′ 30″			
HR:	86° 01′ 59″			
N:		0.168 m		
E:		2.430 m		
Z:		1.782 m		
测存	测量	模式	P1↓	
设置	后视	测站	P2↓	

图 38 测站点坐标设置步骤(a)

(2) 如图 38(b)所示，按[F3](测站)键。

设置测站点		
NO	_ 0.000	m
EO:	0.000	m
ZO:	0.000	m
回退		确认

图 38 测站点坐标设置步骤(b)

(3) 如图 38(c)所示，输入 *N* 坐标，并按[F4]确认键。

设置测站点		
NO	36.976	m
EO:	_ 0.000	m
ZO:	0.000	m
回退		确认

图 38 测站点坐标设置步骤(c)

(4) 按同样方法输入 *E* 和 *Z* 坐标，输入完毕，屏幕返回到坐标测量模式，如图 38(d)所示。

V:	95° 06′ 30″		
HR:	86° 01′ 59″		
N:		36.976 m	
E:		30.008 m	
Z:		47.112 m	
设置	后视	测站	P2↓

图 38 测站点坐标设置步骤(d)

仪器高设置如下。

(1) 在坐标测量模式下，按[F4](P1↓)键，转到第 2 页功能，如图 39 仪器高设置步骤(a)所示。

V:	95° 06′ 30″		
HR:	86° 01′ 59″		
N:		0.168 m	
E:		2.430 m	
Z:		1.782 m	
测存	测量	模式	P1↓
设置	后视	测站	P2↓

图 39 仪器高设置步骤(a)

（2）按[F1](设置)键，显示当前的仪器高和目标高，如图 39(b)所示。

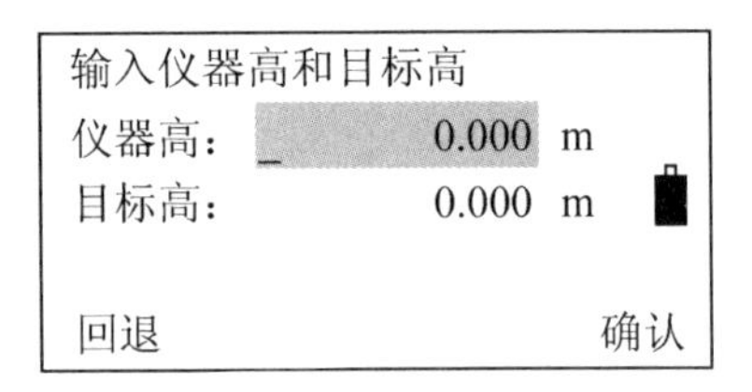

图 39 仪器高设置步骤(b)

（3）如图 39(c)所示，输入仪器高，并按[F4](确认)键。

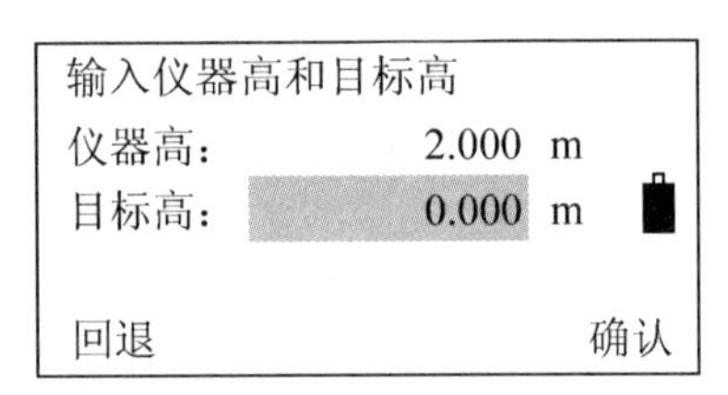

图 39 仪器高设置步骤(c)

目标高设置如下。

（1）在坐标测量模式下，按[F4]键，进入第 2 页功能，如图 40 目标高设置步骤(a)所示。

V:	95° 06′ 30″		
HR:	86° 01′ 59″		
N:		0.168 m	
E:		2.430 m	
Z:		1.782 m	
测存	测量	模式	P1↓
设置	后视	测站	P2↓

图 40 目标高设置步骤(a)

（2）按[F1](设置)键，显示当前的仪器高和目标高，将光标移到目标高，如图 40(b)所示。

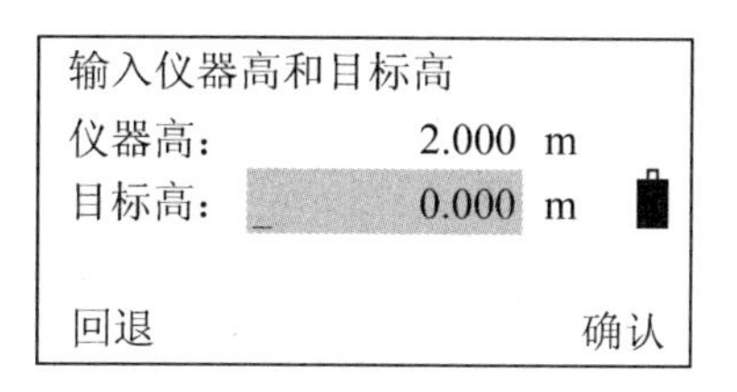

图 40　目标高设置步骤(b)

（3）输入目标高，并按[F4]（确认）键，如图 40(c)所示。

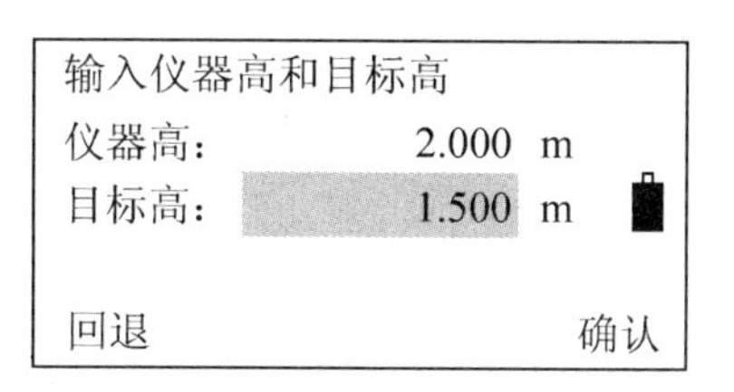

图 40　目标高设置步骤(c)

4.1.3　实训要求

1. 实训组织与分配

实训时间为 2 课时，随堂实训；每 4～6 人一组，选一名小组长，组长负责仪器领取及交还。

2. 仪器与工具

每小组全站仪 1 台，棱镜 1 个，三脚架 2 个，5m 卷尺一把。

3. 注意事项

（1）搬运仪器时，要提供合适的减震措施，以防止仪器受到突然的震动。

（2）近距离将仪器和脚架一起搬动时，应保持仪器竖直向上。

（3）在保养物镜、目镜和棱镜时，使用干净的毛刷扫取灰尘，然后再用干净的绒棉布蘸酒精由透镜中心向外一圈圈地轻轻擦拭。

（4）应保持插头清洁、干燥，使用时要吹出插头的灰尘与其他细小物体。在测量过程中，若拔出插头，则可能丢失数据。拔出插头之前应先关机。

（5）装卸电池时，必须关闭电源。

（6）仪器只能存放在干燥的室内。充电时周围温度应为 10～30℃。

（7）全站仪是精密、贵重的测量仪器，要防日晒、防雨淋、防碰撞震动。严禁仪器被阳光直接照射。

（8）操作前应仔细阅读本实训指导书，认真听教师讲解。不明白操作方法与步骤的，不得操作仪器。

4.1.4　实习报告

根据实训组织、实训任务、实训步骤认真填写实训报告。

4.2 全站仪的放样实训

4.2.1 实训目的

（1）熟练全站仪安置及常规操作。

（2）掌握利用全站仪进行距离测设及点位三维坐标的测设方法。

4.2.2 实训任务

1. 具体任务

（1）选择某点位作为测站点熟练安置全站仪，另外选取一点作为后视点。

（2）设置一个测设距离，进行距离测设。

（3）已知测站点坐标 O(5678.123，2451.392，100)，在选择一点 B 作为已知后视点，OB 边的坐标方位角 $\alpha_{OB}=221°37'45''$，放样点位 $P1$(5691.416，2453.664，101.123)，$P2$(5694.524，2456.002，100.651)，$P3$(5697.857，2458.534，100.486)。

（4）量取仪器高度和棱镜高度。

（5）进行点为坐标放样，放样时输入以上已知量及仪器高和棱镜高。记录观测数据，完成实习报告内容上交。

（6）尽量小组内每个成员进行一边。

2. 方法步骤

（1）在测站 O 点安置仪器。

（2）进行距离放样。

① 在距离测量模式下按[F4](P1↓)键，进入第 2 页功能，如图 41 全站仪放样步骤(a)所示。

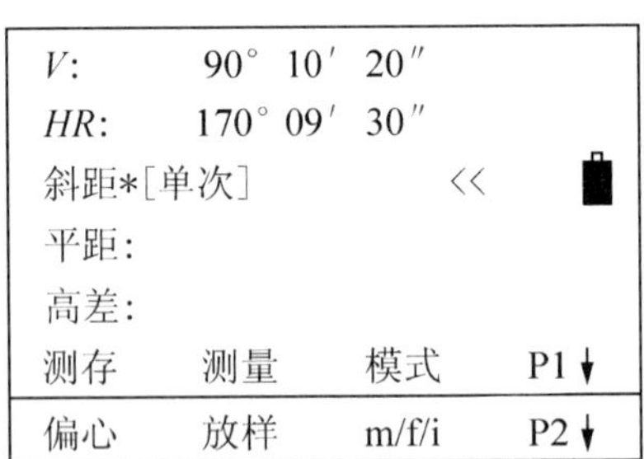

图 41　全站仪放样步骤(a)

② 按[F2](放样)键，显示出上次设置的数据，如图 41(b)所示。

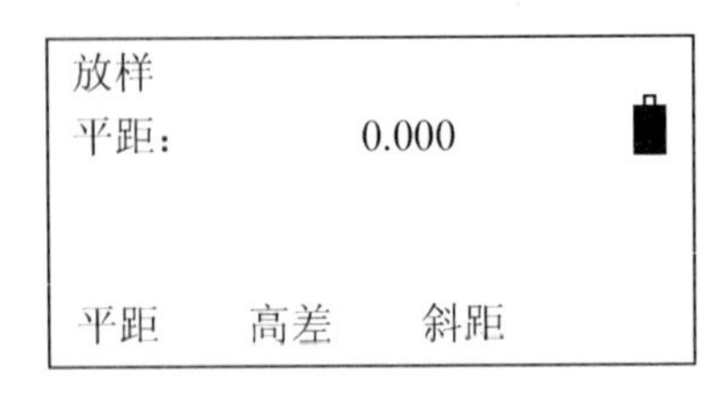

图 41　全站仪放样步骤(b)

③ 通过按[F1]～[F3]键选择放样测量模式。

F1：平距，F2：高差，F3：斜距。

例：水平距离，按[F1]（平距）键，如图 41(c)所示。

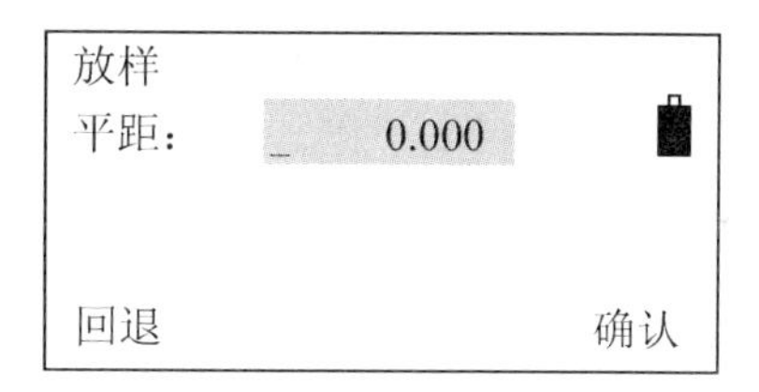

图 41 全站仪放样步骤(c)

④ 输入放样距离(例：3.500m)，输入完毕，按[F4](确认)键，如图 41(d)所示。

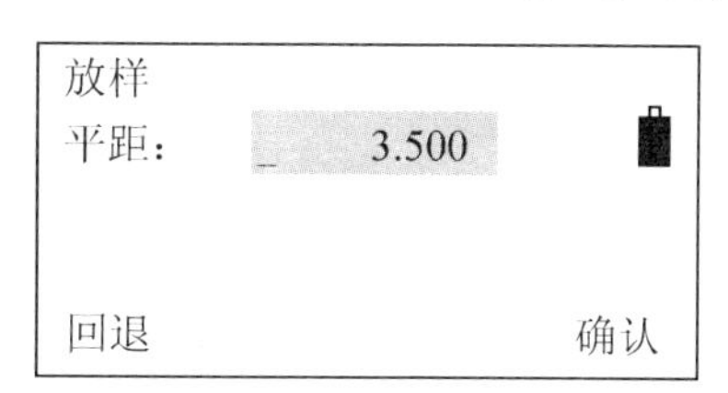

图 41 全站仪放样步骤(d)

⑤ 照准目标(棱镜)测量开始，显示出测量距离与放样距离之差，如图 41(e)所示。

V:	99° 46′ 02″
HR:	160° 52′ 06″
斜距：	2.164 m
dHD:	–1.367 m
高差：	–0.367 m
偏心 放样	m/f/i P2↓

图 41 全站仪放样步骤(e)

⑥ 移动目标棱镜，直至距离差等于 0m 为止，如图 41(f)所示。

V:	99° 46′ 02″
HR:	160° 52′ 06″
斜距：	2.164 m
dHD:	0.000 m
高差：	–0.367 m
偏心 放样	m/f/i P2↓

图 41 全站仪放样步骤(f)

(3) 点位测设。

① 选择坐标测量进入坐标测量模式，按[F4]键进入坐标测量模式第三页，如图 42 所示。

② 按[F2]键，输入放样点坐标值，进行点位放样。

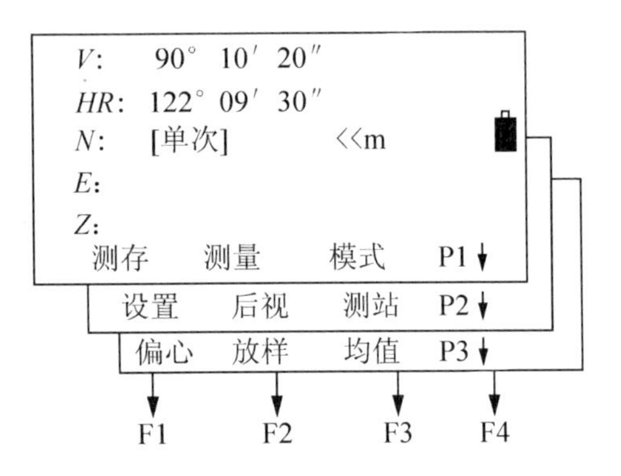

图 42　点位测设步骤

特别提示

在进入点位放样目录前，同坐标测量模式相同，都需要进行测站点位的设置和后视方向的设置。

4.2.3　实训要求

1. 实训组织与分配

实训时间为 2 课时，随堂实训；每 4～6 人一组，选一名小组长，组长负责仪器领取及交还。

2. 仪器与工具

每小组全站仪 1 台，棱镜 1 个，三脚架 2 个，棱镜对中杆 1 个，5m 卷尺一把。

3. 注意事项

（1）搬运仪器时，要提供合适的减震措施，以防止仪器受到突然的震动。

（2）近距离将仪器和脚架一起搬动时，应保持仪器竖直向上。

（3）在保养物镜、目镜和棱镜时，使用干净的毛刷扫取灰尘，然后再用干净的绒棉布蘸酒精由透镜中心向外一圈圈地轻轻擦拭。

（4）应保持插头清洁、干燥，使用时要吹出插头的灰尘与其他细小物体。在测量过程中，若拔出插头，则可能丢失数据。拔出插头之前应先关机。

（5）装卸电池时，必须关闭电源。

（6）仪器只能存放在干燥的室内。充电时周围温度应为 10～30℃。

（7）全站仪是精密、贵重的测量仪器，要防日晒、防雨淋、防碰撞震动。严禁仪器被阳光直接照射。

（8）操作前应仔细阅读本实训指导书，认真听教师讲解。不明白操作方法与步骤的，不得操作仪器。

4.2.4　实习报告

根据实训组织、实训任务、实训步骤认真填写实训报告。

4.3 利用全站仪进行后方交会实训

4.3.1 实训目的

(1) 熟练全站仪的操作。

(2) 理解后方交会的原理。

(3) 掌握利用全站仪进行交会定点(后方交会)的方法。

4.3.2 实训任务

1. 具体任务

(1) 在地面上找三个地面点 A、B、C,三点坐标值为(100,100)、(100,90)、(90,90)。注意:三点点位要用距离放样的方法准确放样。

(2) 另外选取一点作为交会所定新点 O,新点距离三个地面点之间的距离要大于10m。

(3) 在新点 O 上安置全站仪,选择后方交会程序,观测 A、B、C 三点以计算 O 点坐标值。

2. 方法步骤

(1) 在新点即测站 O 点安置仪器。

(2) 进入放样菜单第二页,按[F4](P↓)键,进入放样菜单 2/2,按数字键[2](后方交会法)[如图 43 后方交会测量步骤(a)所示]。

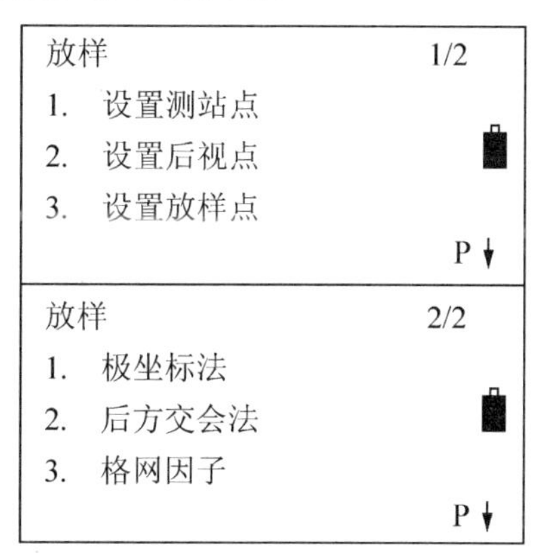

图 43 后方交会测量步骤(a)

(3) 按[F1](输入)键[如图 43(b)所示]。

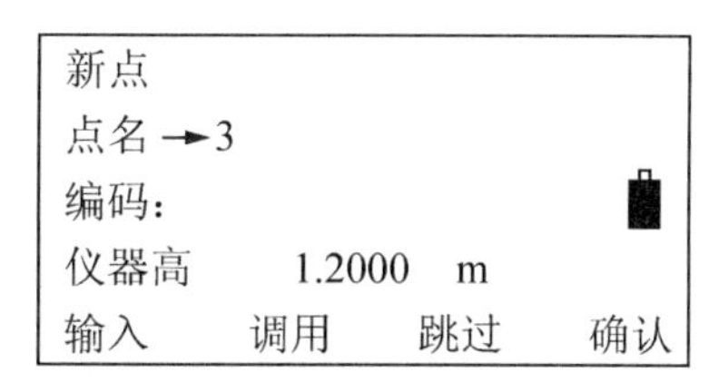

图 43 后方交会测量步骤(b)

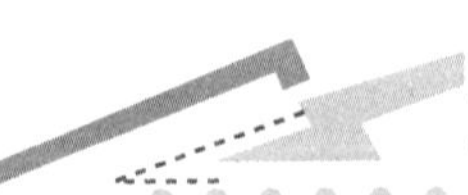

(4) 输入新点点名、编码和仪器高[如图43(c)所示]，按[F4](确认)键。

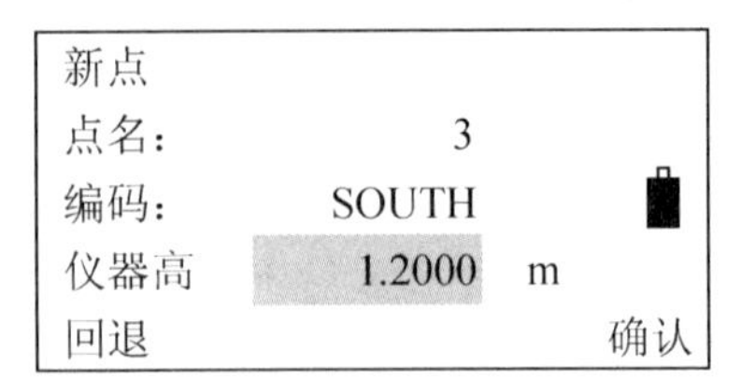

图43 后方交会测量步骤(c)

(5) 系统提示输入目标点名，按[F1](输入)[如图43(d)所示]。

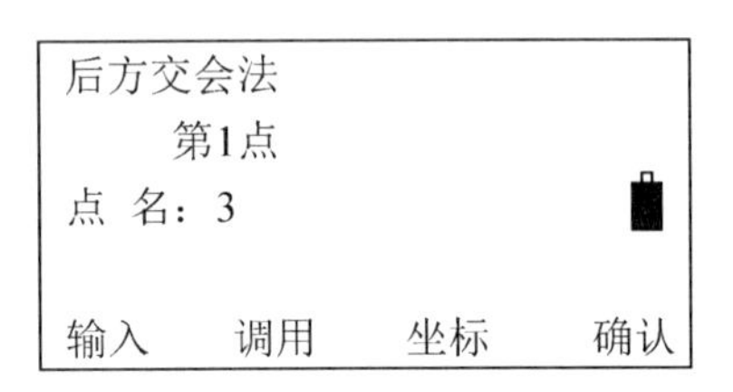

图43 后方交会测量步骤(d)

(6) 输入已知点 A 的点号，并按[F4](确认)键[如图43(e)所示]。

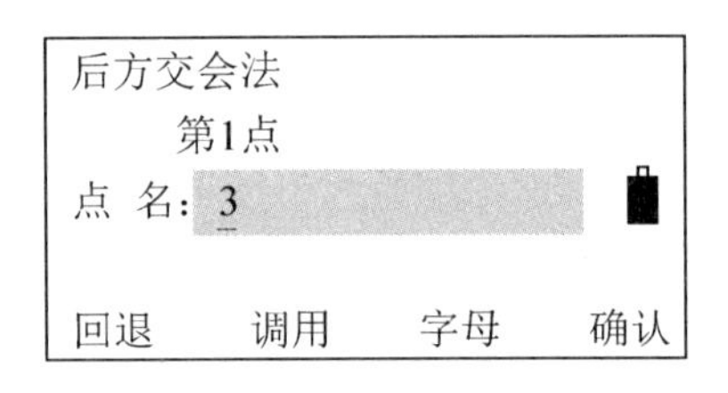

图43 后方交会测量步骤(e)

(7) 屏幕显示该点坐标值，确认按[F4](是)键，如图43(f)所示。

后方交会法
第1点
N: 9.169 m
E: 7.851 m
Z: 12.312 m
>确定吗? [否] [是]

图43 后方交会测量步骤(f)

(8) 屏幕提示输入目标高，输入完毕，按[F4](确认)键，如图43(g)所示。

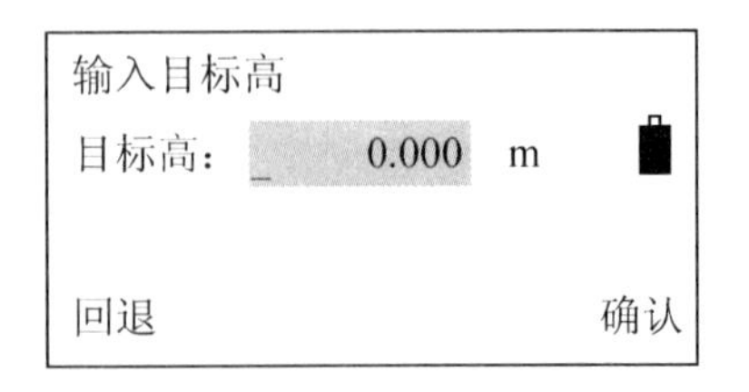

图43 后方交会测量步骤(g)

(9) 照准已知点 A，按[F3](角度)或[F4](距离)键，如图 43(h)所示。如按下[F4](距离)键。

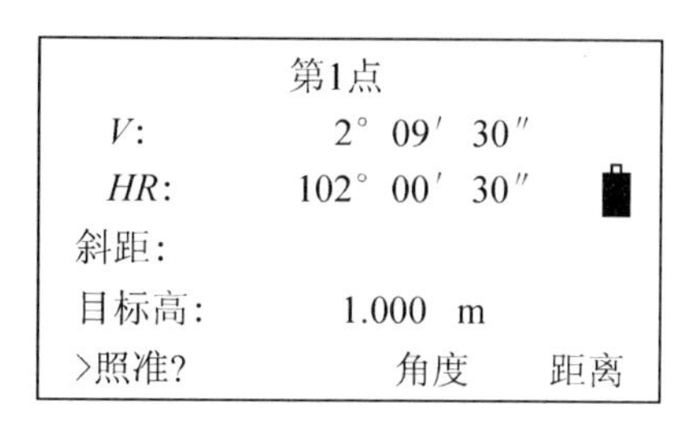

图 43 后方交会测量步骤(h)

(10) 如图 43(i)所示，启动测量功能。

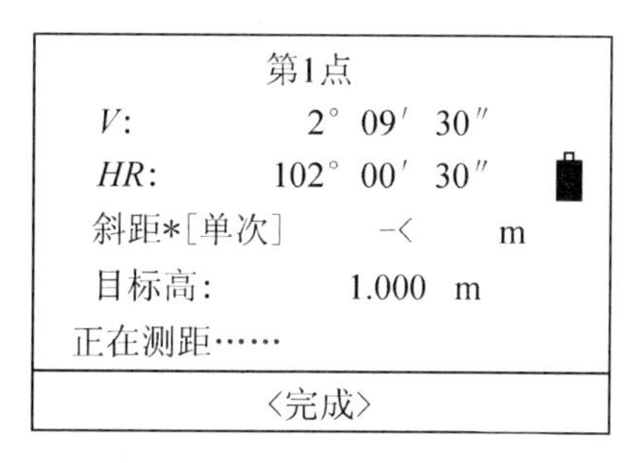

图 43 后方交会测量步骤(i)

(11) 进入已知点 B 输入显示屏，如图 43(j)所示。

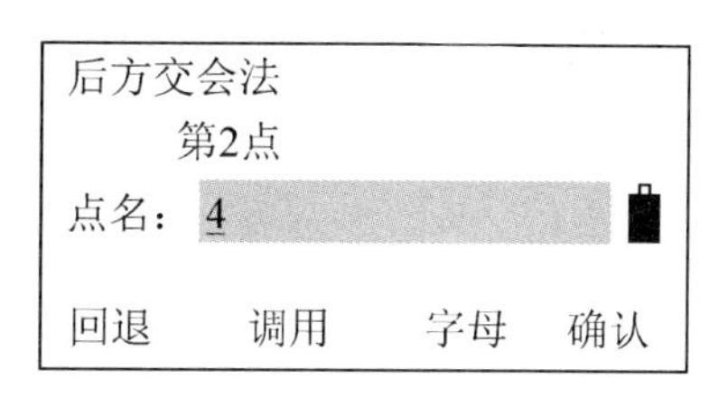

图 43 后方交会测量步骤(j)

(12) 按照(7)～(11)步骤对已知点 B 进行测量，当用“距离”测量两个已知点后残差即被计算，如图 43(k)所示。

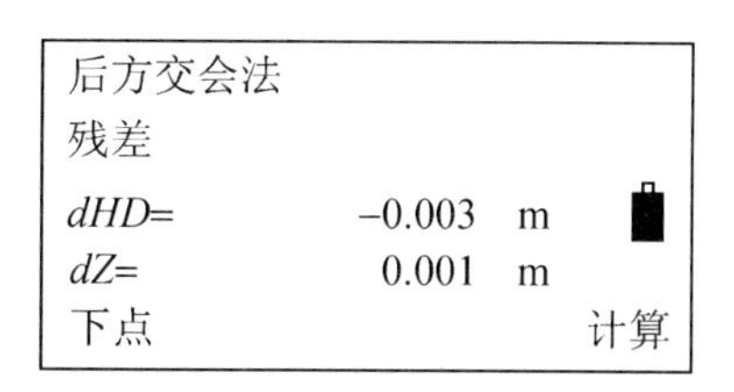

图 43 后方交会测量步骤(k)

(13) 按[F1](下点)键，可对其他已知点进行测量，最多可达到 7 个点，如图 43(l)所示。

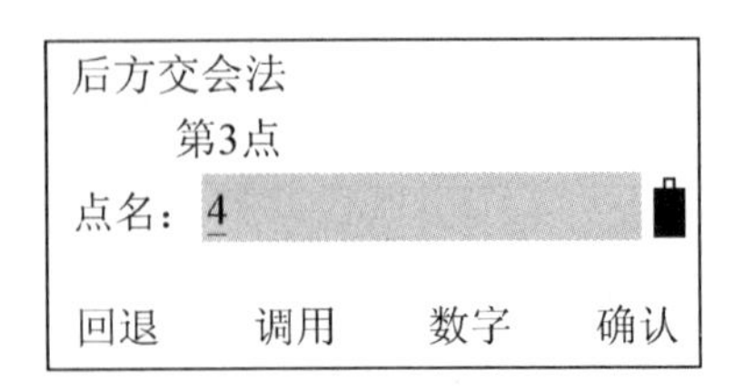

图 43　后方交会测量步骤(l)

(14) 按(7)～(12)步骤对已知点 C 进行测量。按[F4](计算)键查看后方交会的结果，如图 43(m)所示。

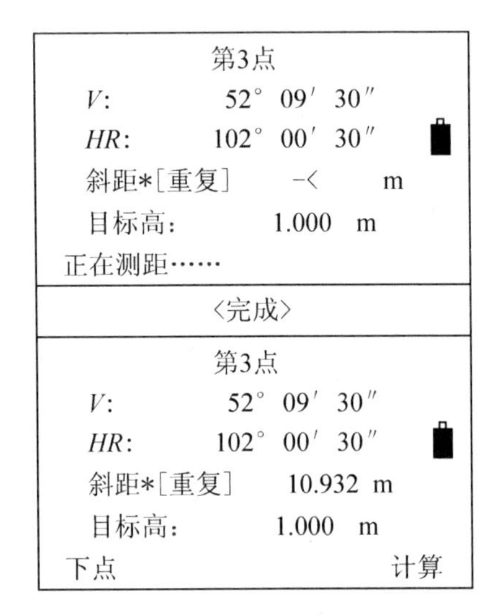

图 43　后方交会测量步骤(m)

(15) 显示坐标值标准偏差，单位：mm，如图 43(n)所示。

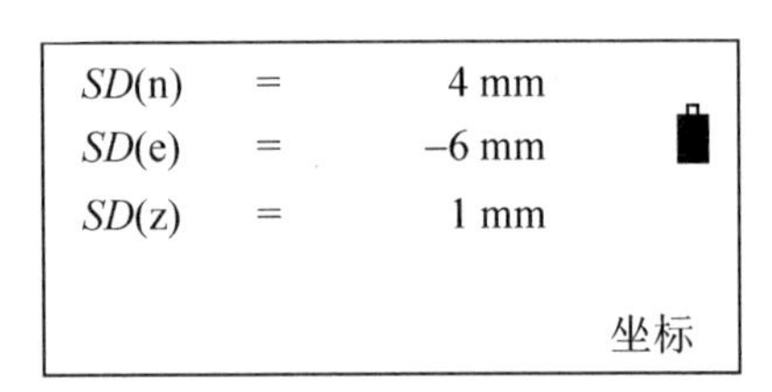

图 43　后方交会测量步骤(n)

(16) [F4](坐标)键，可显示新点的坐标。按[F4](是)键可记录该数据，如图 43(o)所示。

N:　12.322 m
E:　34.286 m
Z:　1.5772 m
>记录吗?　[否]　[是]

图 43　后方交会测量步骤(o)

（17）如图 43(p)所示，新点坐标被存入坐标数据文件并将所计算的新点坐标作为测站点坐标。系统返回新点菜单。

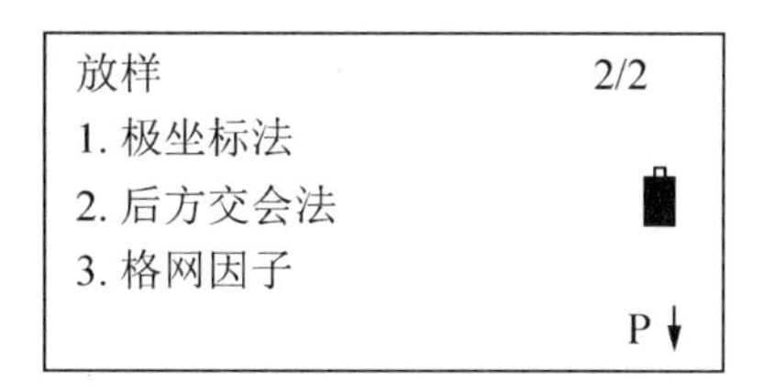

图 43 后方交会测量步骤(p)

特别提示

在新站上安置仪器，用最多可达 7 个已知点的坐标和这些点的测量数据计算新坐标，后方交会的观测如下。

① 距离测量后方交会：测定 2 个或更多的已知点。

② 角度测量后方交会：测定 3 个或更多的已知点。

测站点坐标按最小二乘法解算(当仅用角度测量作后方交会时，若只有观测 3 个已知点，则无需作最小二乘法计算)。

4.3.3 实训要求

1. 实训组织与分配

实训时间为 2 课时，随堂实训；每 4～6 人一组，选一名小组长，组长负责仪器领取及交还。

2. 仪器与工具

每小组全站仪 1 台，棱镜 1 个，三脚架 1 个，棱镜对中杆 1 个，5m 卷尺一把。

3. 注意事项

（1）搬运仪器时，要提供合适的减震措施，以防止仪器受到突然的震动。

（2）近距离将仪器和脚架一起搬动时，应保持仪器竖直向上。

（3）在保养物镜、目镜和棱镜时，使用干净的毛刷扫取灰尘，然后再用干净的绒棉布蘸酒精由透镜中心向外一圈圈地轻轻擦拭。

（4）应保持插头清洁、干燥，使用时要吹出插头的灰尘与其他细小物体。在测量过程中，若拔出插头，则可能丢失数据。拔出插头之前应先关机。

（5）装卸电池时，必须关闭电源。

（6）仪器只能存放在干燥的室内。充电时周围温度应为 10～30℃。

（7）全站仪是精密、贵重的测量仪器，要防日晒、防雨淋、防碰撞震动。严禁仪器被阳光直接照射。

（8）操作前应仔细阅读本实训指导书，认真听教师讲解。不明白操作方法与步骤的，不得操作仪器。

4.3.4 实习报告

根据实训组织、实训任务、实训步骤认真填写实训报告。

4.4 全站仪的对边观测实训

4.4.1 实训目的

（1）熟练全站仪的操作。
（2）理解对边观测的定义和原理。
（3）掌握利用全站仪进行对边观测的方法。

4.4.2 实训任务

1. 具体任务

（1）在地面上任意选取一个地面点作为测站点，再另外选取三点 A、B、C 作为进行对边观测的三点。

（2）在测站点上安置全站仪，进入对边测量程序。

（3）通过观测 A、B、C 三点，分别计算出 AB 和 AC 的斜距（d_{SD}）、平距（d_{HD}）和高差（d_{VD}）。

2. 方法步骤

（1）在测站点安置仪器。

（2）如图 44 对边观测步骤(a)所示，在程序菜单中按数字键[2]（对边测量）。

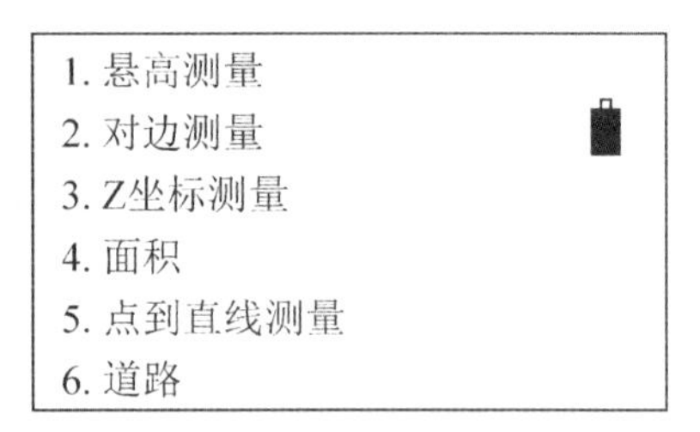

图 44 对边观测步骤(a)

（3）按[ENT]或[ESC]键，选择是否使用坐标文件，如图 44(b)所示。（例：按[ESC]键，不使用文件数据）

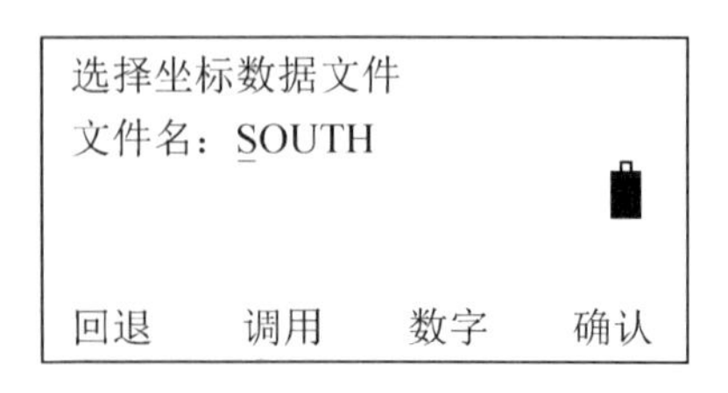

图 44 对边观测步骤(b)

(4) 按数字键[1]或[2]，选择是否使用坐标格网因子，如图 44(c)所示。例：按[2]，不使用格网因子。

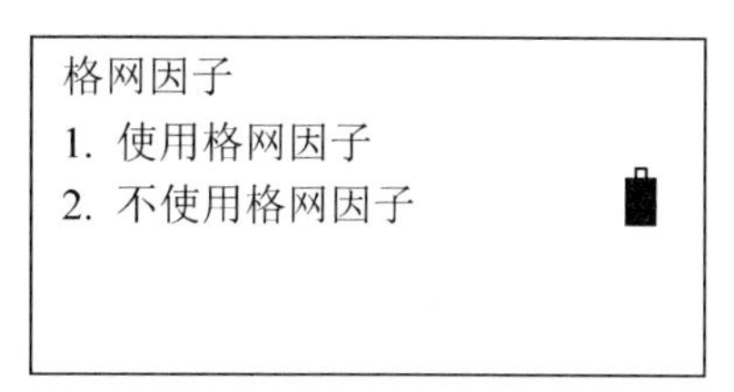

图 44 对边观测步骤(c)

(5) 按数字键[1]，选择(*A*—*B*，*A*—*C*) 的对边测量功能，如图 44(d)所示。

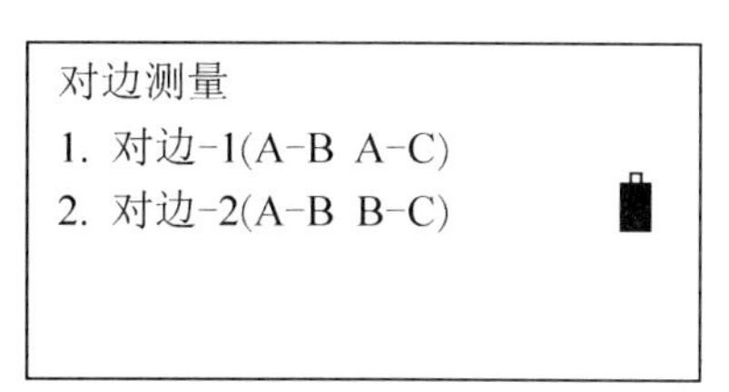

图 44 对边观测步骤(d)

(6) 照准棱镜 A，按[F1](测量)键，如图 44(e)所示。

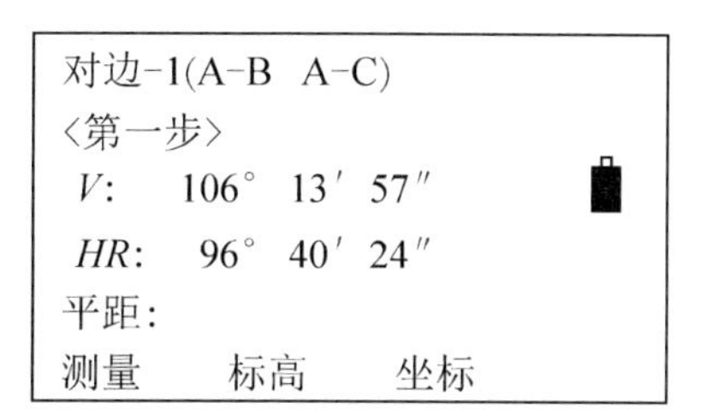

图 44 对边观测步骤(e)

(7) 测量结束，显示仪器至棱镜 A 之间的平距(*HD*)，如图 44(f)所示。

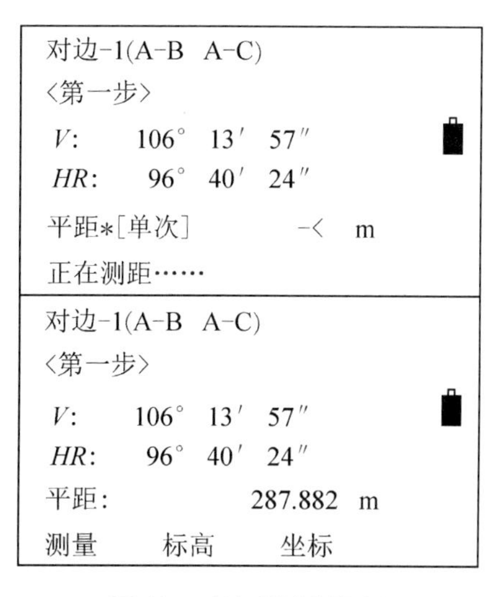

图 44 对边观测步骤(f)

(8) 照准棱镜 B，按[F1](测量)键，如图 44(g)所示。

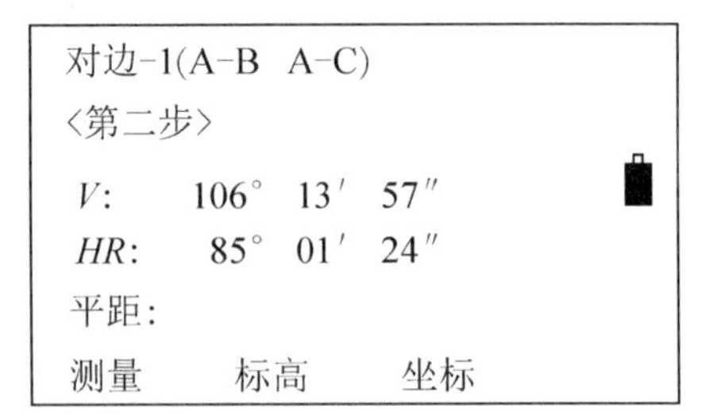

图 44 对边观测步骤(g)

(9) 测量结束，显示仪器到棱镜 B 的平距(HD)，如图 44(h)所示。

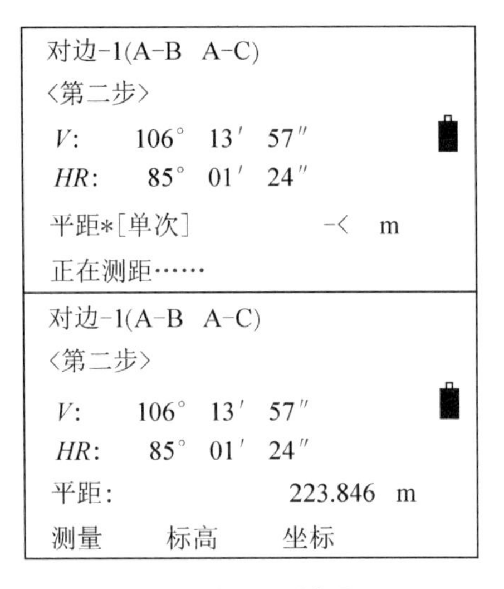

图 44 对边观测步骤(h)

(10) 如图 44(i)所示，系统根据 A、B 点的位置计算出棱镜 A 与 B 之间的斜距(d_{SD})、平距(d_{HD})和高差(d_{VD})。

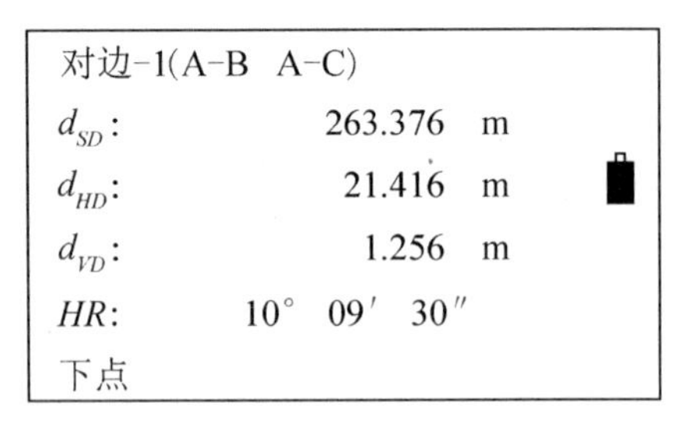

图 44 对边观测步骤(i)

(11) 测量 A—C 之间的距离，按[F1](下点)，如图 44(j)所示。

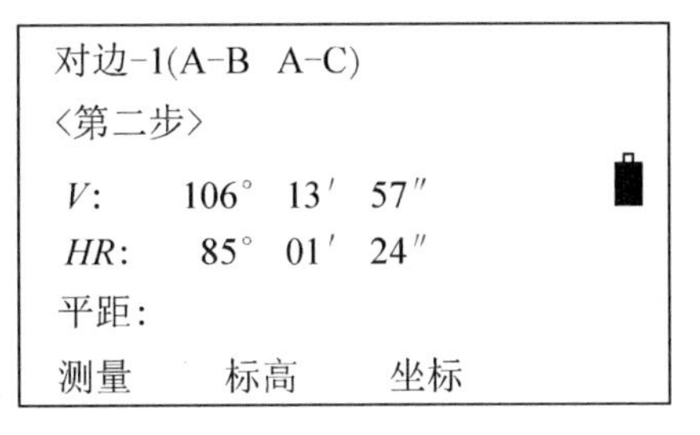

图 44 对边观测步骤(j)

(12) 照准棱镜 C，按[F1](测量)键。测量结束，显示仪器到棱镜 C 的平距(HD)，如图 44(k)所示。

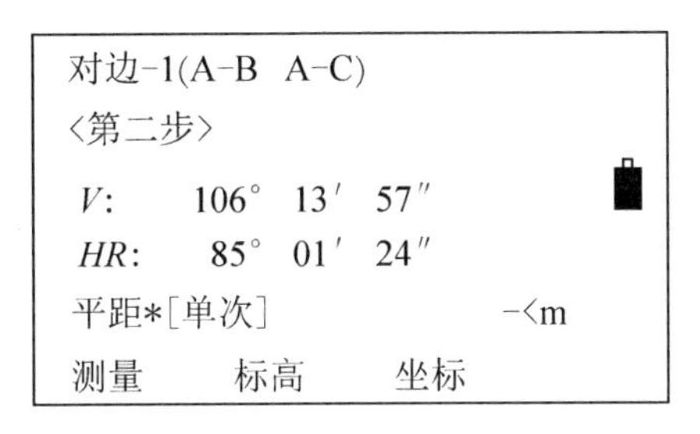

图 44 对边观测步骤(k)

(13) 如图 44(l)所示，系统根据 A、C 点的位置，计算出棱镜 A 与 C 之间的斜距(d_{SD})、平距(d_{HD})和高差(d_{VD})。

对边-1(A-B A-C)
d_{SD}: 0.774 m
d_{HD}: 3.846 m
d_{VD}: 12.256 m
HR: 86° 25′ 24″
下点

图 44 对边观测步骤(l)

(14) 测量 A—D 之间的距离，重复操作步骤(12)～(13)。

特别提示

对边测量是测量两个目标棱镜之间的水平距离(d_{HD})、斜距(d_{SD})、高差(d_{VD})和水平角(HR)。也可直接输入坐标值或调用坐标数据文件进行计算，如图 45 所示。对边测量的方法有两个。

① MLM—1(A—B，A—C)：测量 A—B，A—C，A—D……

② MLM—2(A—B，B—C)：测量 A—B，B—C，C—D……

本实训步骤是以 MLM—1(A—B，A—C)模式为例，MLM—2(A—B，B—C)模式的测量过程与 MLM—1 模式完成相同。

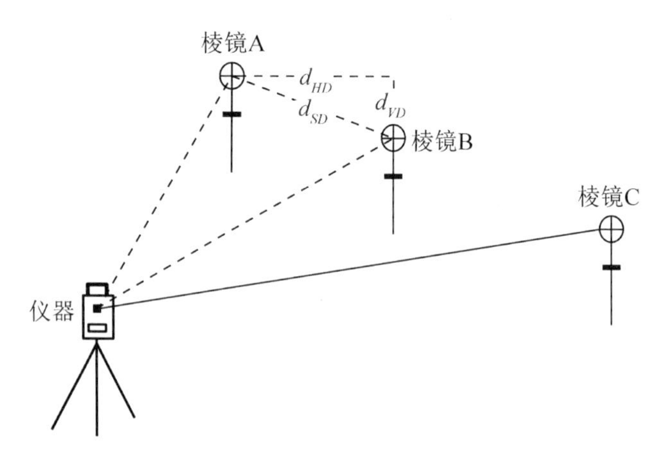

图 45　对边测量示意图

4.4.3　实训要求

1. 实训组织与分配

实训时间为 2 课时，随堂实训；每 4～6 人一组，选一名小组长，组长负责仪器领取及交还。

2. 仪器与工具

每小组全站仪 1 台，棱镜 1 个，三脚架 1 个，棱镜对中杆 1 个，5m 卷尺一把。

3. 注意事项

（1）搬运仪器时，要提供合适的减震措施，以防止仪器受到突然的震动。

（2）近距离将仪器和脚架一起搬动时，应保持仪器竖直向上。

（3）在保养物镜、目镜和棱镜时，使用干净的毛刷扫取灰尘，然后再用干净的绒棉布蘸酒精由透镜中心向外一圈圈地轻轻擦拭。

（4）应保持插头清洁、干燥，使用时要吹出插头的灰尘与其他细小物体。在测量过程中，若拔出插头，则可能丢失数据。拔出插头之前应先关机。

（5）装卸电池时，必须关闭电源。

（6）仪器只能存放在干燥的室内。充电时周围温度应为 10～30℃。

（7）全站仪是精密、贵重的测量仪器，要防日晒、防雨淋、防碰撞震动。严禁仪器被阳光直接照射。

（8）操作前应仔细阅读本实训指导书，认真听教师讲解。不明白操作方法与步骤的，不得操作仪器。

4.4.4　实习报告

根据实训组织、实训任务、实训步骤认真填写实训报告。

4.5 全站仪的面积测量实训

4.5.1 实训目的

（1）熟练全站仪的操作。
（2）理解面积量算的原理。
（3）掌握利用全站仪进行面积和周长测量的方法。

4.5.2 实训任务

1. 具体任务

（1）在地面上寻找一点作为测站点，另外选取至少三个地面点位作为面积测量的观测点(注：观测点数≥3个，至少三点才能构成闭合区域)。
（2）在测站点安置全站仪，选择面积测量程序。
（3）依次观测目标点，计算目标点所围区域面积和周长。

2. 方法步骤

（1）在测站点安置全站仪。
（2）按[MENU]键，显示主菜单1/2。按数字键[4]，进入程序，如图46面积测量步骤(a)所示。

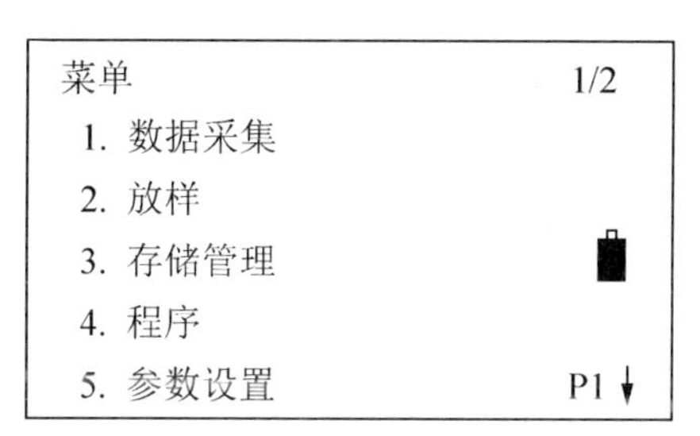

图46 面积测量步骤(a)

（3）按数字键[4](面积)，如图46(b)所示。

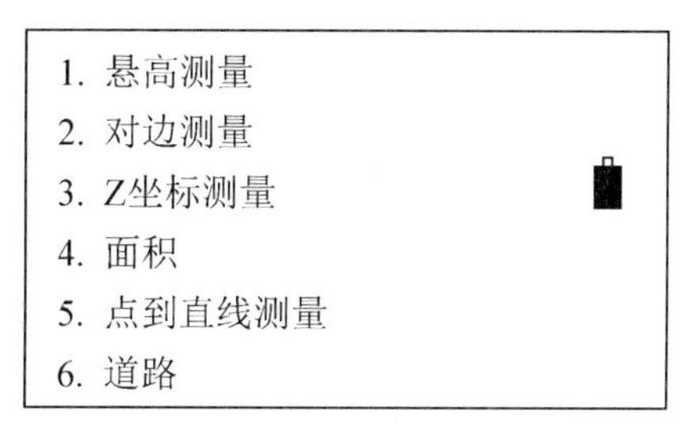

图46 面积测量步骤(b)

（4）按[ENT]或[ESC]键，选择是否使用坐标文件，如图46(c)所示。例：不使用文件数据，即按[ESC]键。

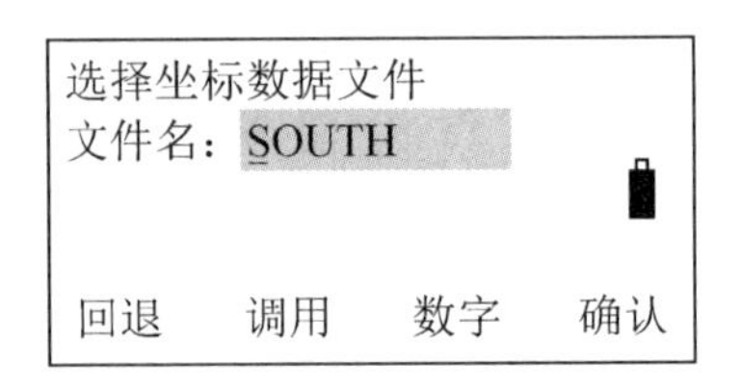

图 46　面积测量步骤(c)

(5) 按数字键[1]或[2]，选择是否使用坐标格网因子，如图 46(d)所示。例：按[2]键，不使用格网因子。

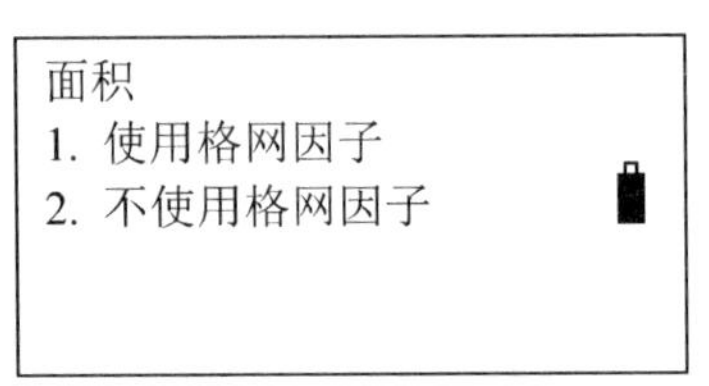

图 46　面积测量步骤(d)

(6) 在初始面积计算屏照准棱镜，按[F1](测量)键，进行测量，如图 46(e)所示。

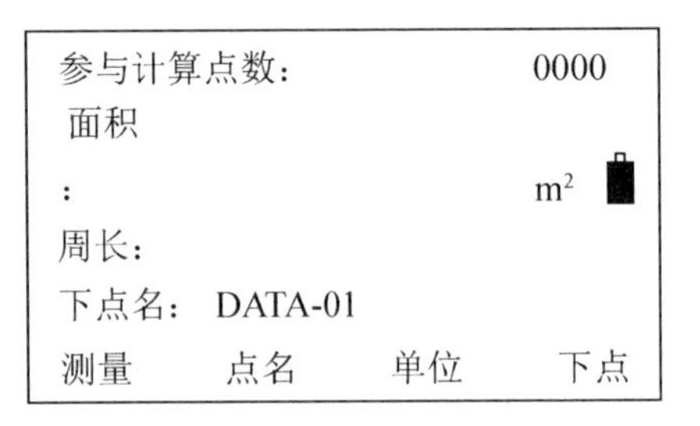

图 46　面积测量步骤(e)

(7) 系统启动测量功能，如图 46(f)所示。

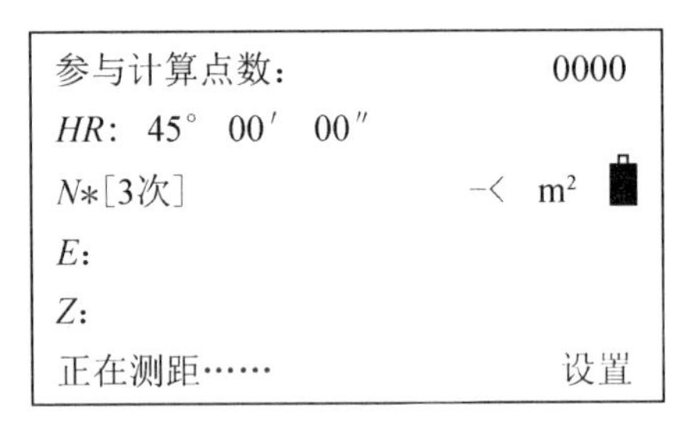

图 46　面积测量步骤(f)

(8) 照准下一个点，按[F1](测量)键，测三个点以后显示出面积。

该功能用于计算闭合图形的面积，面积计算有如下两种方法。

① 用坐标数据文件计算面积。

② 用测量数据计算面积。

注意

如果图形边界线相互交叉，面积不能正确计算。面积计算所用的点数是没有限制的。

4.5.3 实训要求

1. 实训组织与分配

实训时间为2课时，随堂实训；每4～6人一组，选一名小组长，组长负责仪器领取及交还。

2. 仪器与工具

每小组全站仪1台，棱镜1个，三脚架1个，棱镜对中杆1个，5m卷尺一把。

3. 注意事项

（1）搬运仪器时，要提供合适的减震措施，以防止仪器受到突然的震动。

（2）近距离将仪器和脚架一起搬动时，应保持仪器竖直向上。

（3）在保养物镜、目镜和棱镜时，使用干净的毛刷扫取灰尘，然后再用干净的绒棉布蘸酒精由透镜中心向外一圈圈地轻轻擦拭。

（4）应保持插头清洁、干燥，使用时要吹出插头的灰尘与其他细小物体。在测量过程中，若拔出插头，则可能丢失数据。拔出插头之前应先关机。

（5）装卸电池时，必须关闭电源。

（6）仪器只能存放在干燥的室内。充电时周围温度应为10～30℃。

（7）全站仪是精密、贵重的测量仪器，要防日晒、防雨淋、防碰撞震动。严禁仪器被阳光直接照射。

（8）操作前应仔细阅读本实训指导书，认真听教师讲解。不明白操作方法与步骤的，不得操作仪器。

4.6 全站仪悬高测量实训

4.6.1 实训目的

（1）熟悉全站仪的操作。

（2）理解悬高测量的意义和原理。

（3）掌握利用全站仪进行悬高测量的方法。

4.6.2 实训任务

1. 具体任务

（1）选定学校教学楼、图书馆或办公楼任一楼角作为悬高观测目标K。要求：选定的点位所在铅垂线上的地面点G可以安置棱镜，如图47所示。

（2）在适当位置安置全站仪，选择悬高测量模式。

（3）在选定点位所在铅垂线上的地面点上安置棱镜。

（4）利用全站仪观测棱镜 P 后，再观测目标点位 K，计算出目标高度。

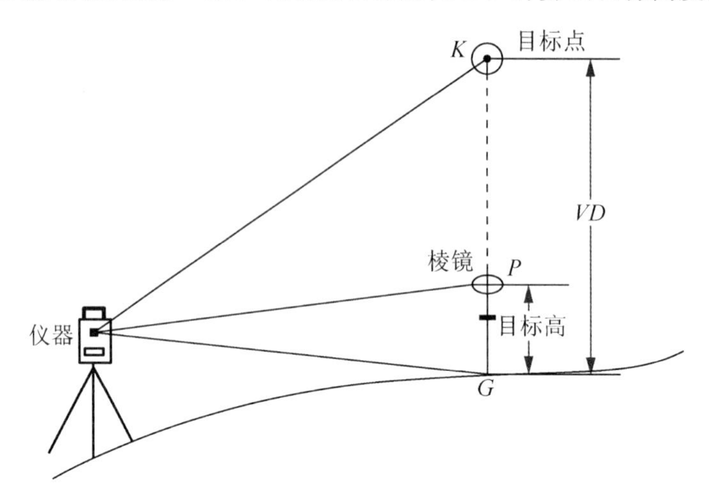

图 47　悬高测量示意图

2. 方法步骤

1）有目标高(h)输入的情形(例：h=1.3m)

（1）在测站点安置全站仪。

（2）按[MENU]键，进入菜单，再按数字键[4]键，进入应用程序功能，如图 48 有目标高悬高测量步骤(a)所示。

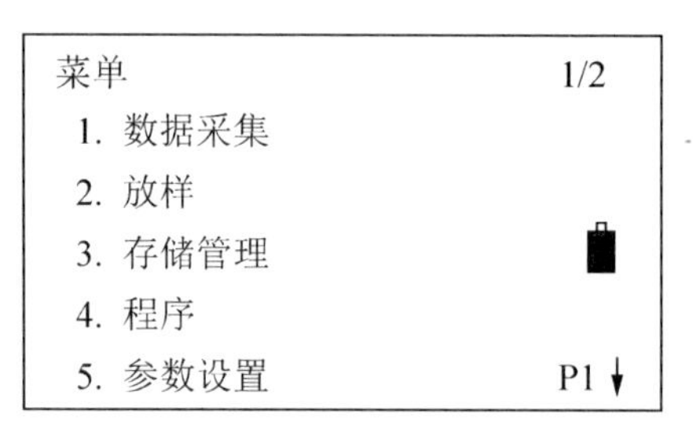

图 48　有目标高悬高测量步骤(a)

（3）按数字键[1](悬高测量)，如图 48(b)所示。

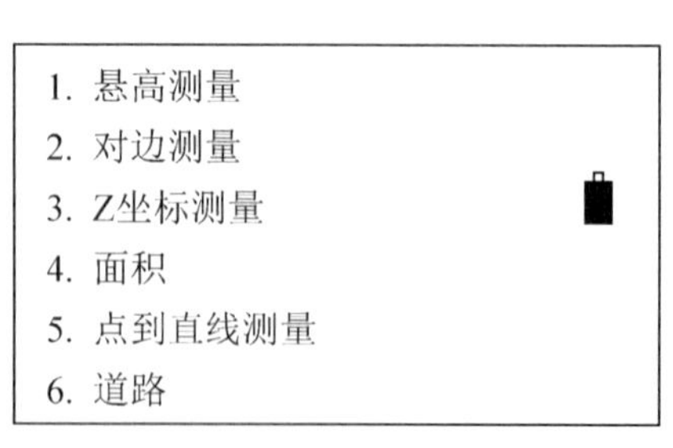

图 48　有目标高悬高测量步骤(b)

（4）按数字键[1]，选择需要输入目标高的悬高测量模式，如图 48(c)所示。

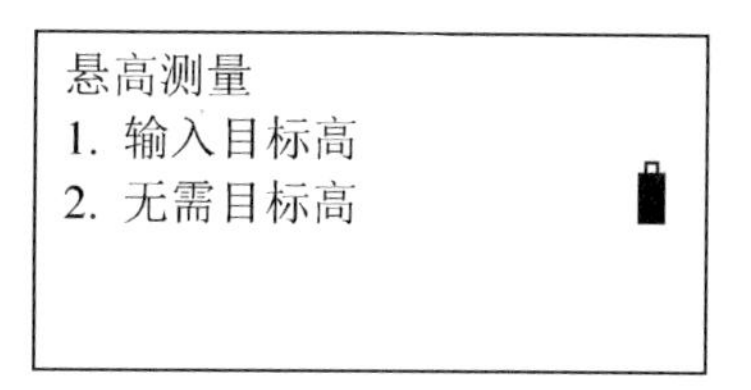

图 48　有目标高悬高测量步骤(c)

(5) 输入目标高，并按[F4](确认)键，如图 48(d)所示。

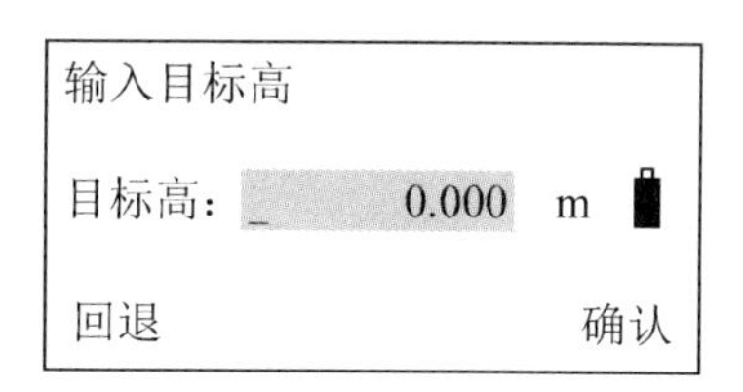

图 48　有目标高悬高测量步骤(d)

(6) 如图 48(e)所示，照准棱镜，按[F1](测量)键，开始测量。

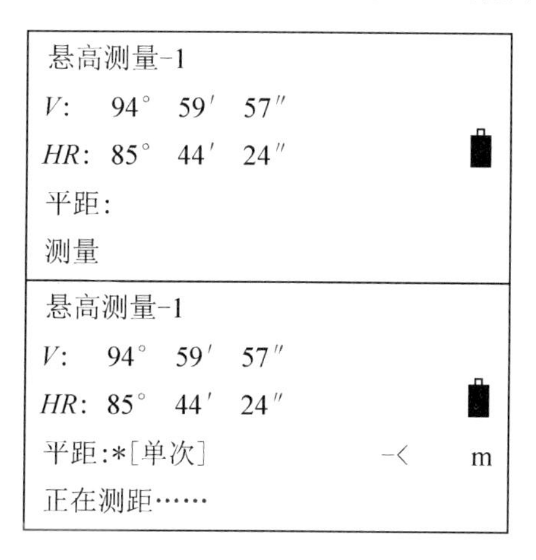

图 48　有目标高悬高测量步骤(e)

(7) 棱镜的位置被确定，如图 48(f)所示。

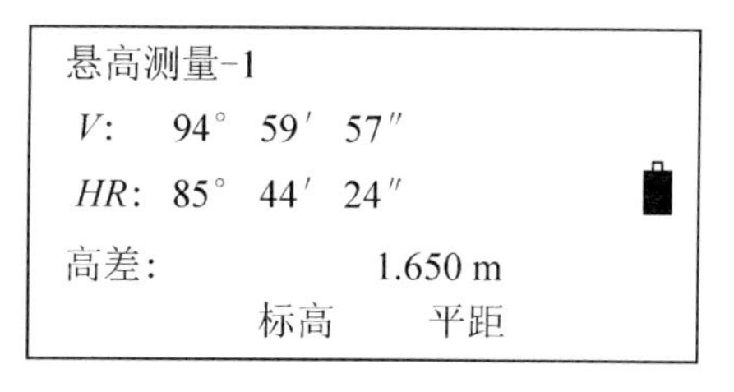

图 48　有目标高悬高测量步骤(f)

(8) 照准目标 K，显示棱镜中心到目标点的垂直距离(VD)，如图 48(g)所示。

悬高测量-1
V: 120° 59′ 57″
HR: 85° 44′ 24″
高差: 24.287 m
标高 平距

图48 有目标高悬高测量步骤(g)

2）没有目标高输入的情形

（1）按数字键[2]选择无需目标高的悬高测量功能，如图49无需目标高悬高测量步骤(a)所示。

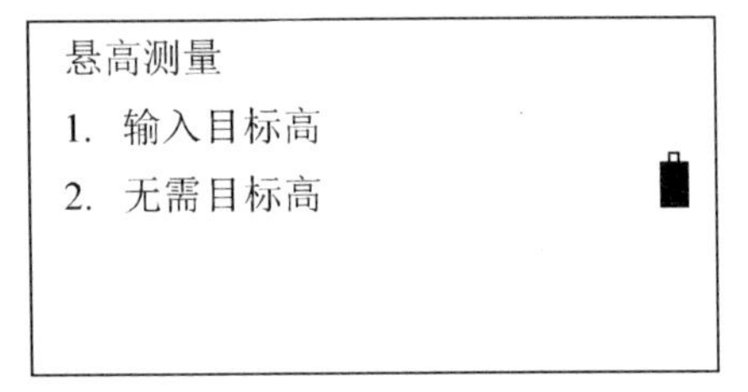

图49 无需目标高悬高测量步骤(a)

（2）照准棱镜中心，按[F1](测量)键，如图49(b)所示。

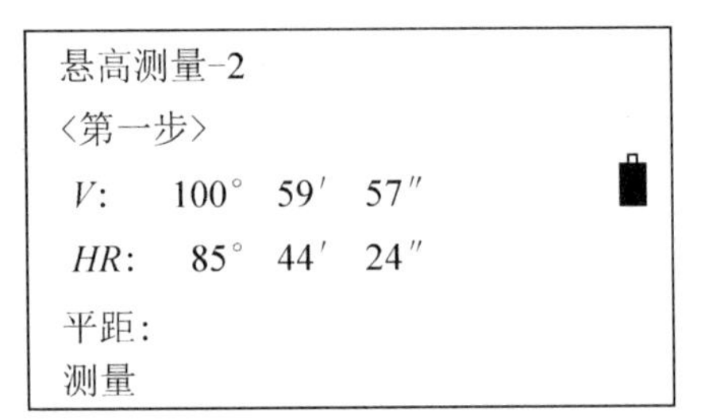

图49 无需目标高悬高测量步骤(b)

（3）系统启动测量功能，如图49(c)所示。

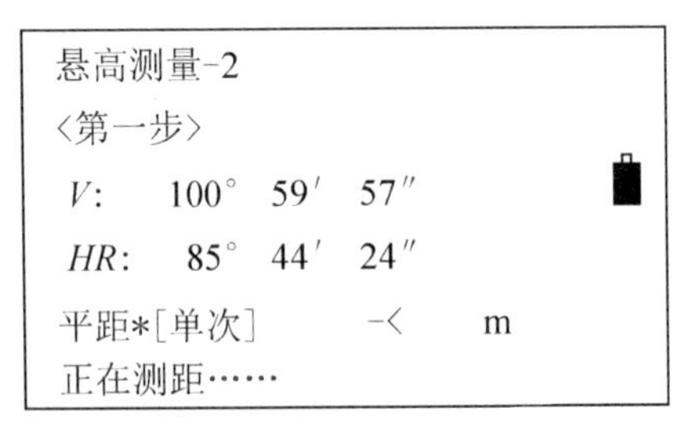

图49 无需目标高悬高测量步骤(c)

（4）测量结束，显示仪器至棱镜之间的水平距离。如图49(d)所示，按[F4](设置)键。

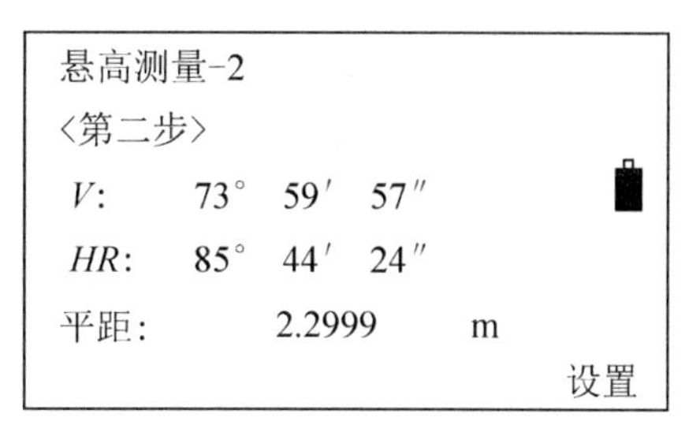

图 49 无需目标高悬高测量步骤(d)

(5) 棱镜的位置被确定，如图 49(e)所示，按[F4](设置)键。

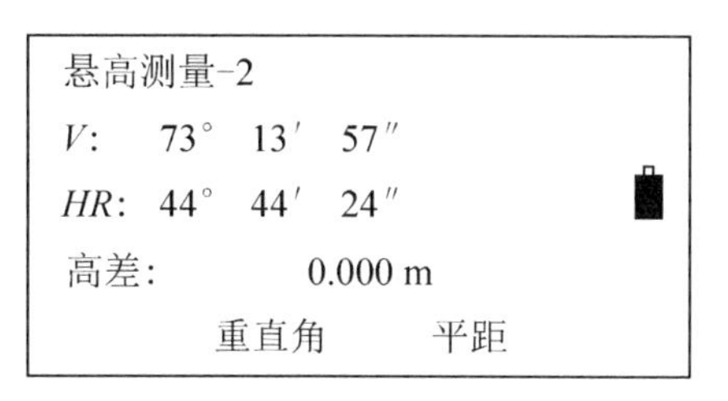

图 49 无需目标高悬高测量步骤(e)

(6) 照准地面点 G，G 点的位置即被确定，如图 49(f)所示。

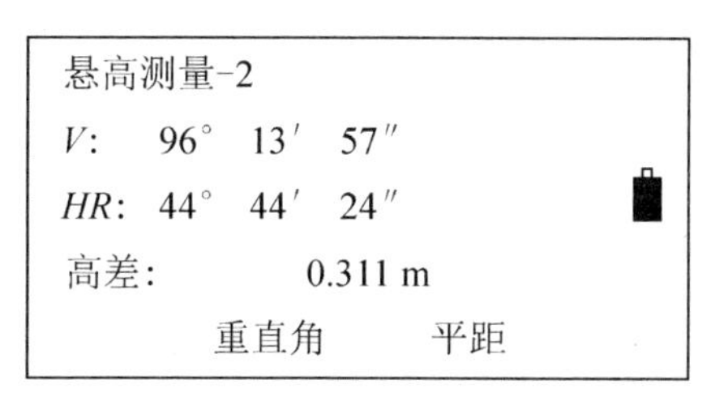

图 49 无需目标高悬高测量步骤(f)

(7) 照准目标点 K，显示高差(VD)，如图 49(g)所示。

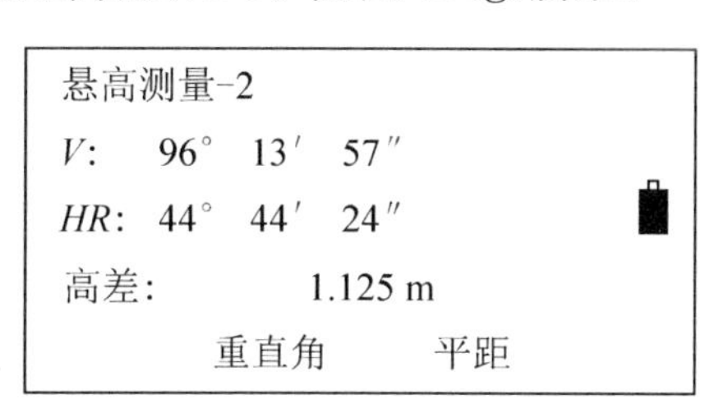

图 49 无需目标高悬高测量步骤(g)

4.6.3 实训要求

1. 实训组织与分配

实训时间为 2 课时，随堂实训；每 4～6 人一组，选一名小组长，组长负责仪器领取及交还。

2. 仪器与工具

每小组全站仪1台，棱镜1个，三脚架1个，棱镜对中杆1个，5m卷尺一把。

3. 注意事项

（1）搬运仪器时，要提供合适的减震措施，以防止仪器受到突然的震动。

（2）近距离将仪器和脚架一起搬动时，应保持仪器竖直向上。

（3）在保养物镜、目镜和棱镜时，使用干净的毛刷扫取灰尘，然后再用干净的绒棉布蘸酒精由透镜中心向外一圈圈地轻轻擦拭。

（4）应保持插头清洁、干燥，使用时要吹出插头的灰尘与其他细小物体。在测量过程中，若拔出插头，则可能丢失数据。拔出插头之前应先关机。

（5）装卸电池时，必须关闭电源。

（6）仪器只能存放在干燥的室内。充电时周围温度应为10～30℃。

（7）全站仪是精密、贵重的测量仪器，要防日晒、防雨淋、防碰撞震动。严禁仪器被阳光直接照射。

（8）操作前应仔细阅读本实训指导书，认真听教师讲解。不明白操作方法与步骤的，不得操作仪器。

4.7 道路平曲线放样实训

4.7.1 实训目的

（1）熟练全站仪的操作。

（2）掌握道路平曲线要素计算方法。

（3 掌握利用全站仪进行道路平曲线测设的方法。

4.7.2 实训任务

1. 具体任务

根据某道路给定的平曲线要素，进行道路平曲线设计和道路平曲线放样。

2. 方法步骤

1）输入道路参数

道路设计菜单包含定线设计功能。

定义水平定线(每一个文件最多30个数据)。水平定线数据可手工编辑，也可从计算机或SD卡中装入。水平定线包含以下元素：起始点、直线、圆曲线和缓和曲线。

（1）按[MENU]键，显示主菜单1/2，再按数字键[4]，进入程序，如图50输入道路参数步骤(a)所示。

菜单 1/2
1. 数据采集
2. 放样
3. 存储管理
4. 程序
5. 参数设置 P1↓

图 50 输入道路参数步骤(a)

(2) 按数字键[6](道路)，如图 50(b)所示。

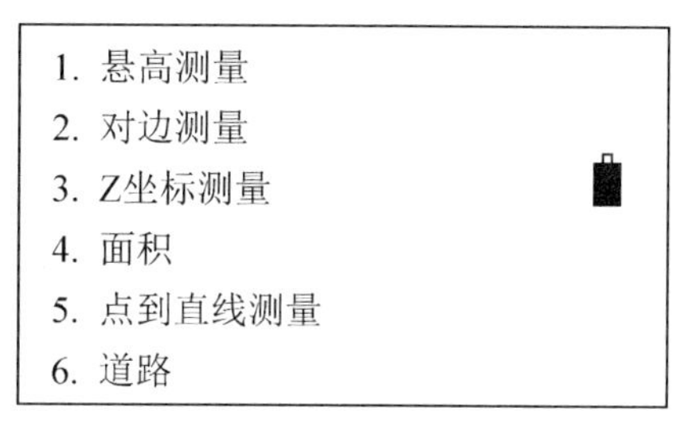

图 50 输入道路参数步骤(b)

(3) 如图 50(c)所示，在“道路”菜单中选择“数字键[1]：水平定线”，显示磁盘列表，选择需作业的文件所在的磁盘，再按[F4](确认)或[ENT](回车)键。

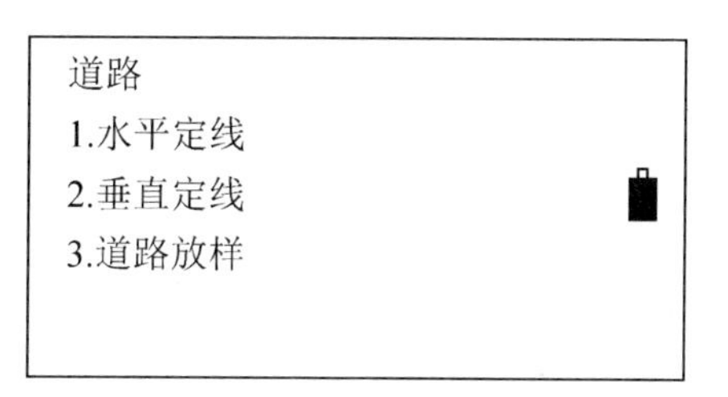

图 50 输入道路参数步骤(c)

(4) 选择一个水平定线文件，按[ENT](回车)键，如图 50(d)所示。

图 50 输入道路参数步骤(d)

(5) 如图 50(e)和图 50(f)所示，按[F1](查阅)键，屏幕显示起始点的数据，按[F1](编辑)键，可输入起始点的桩号、N 坐标和 E 坐标。

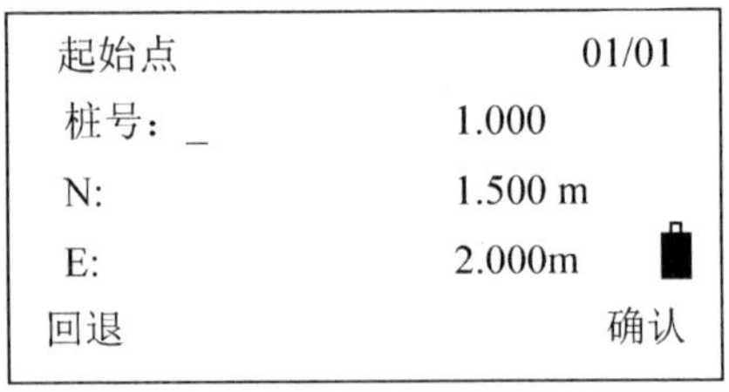

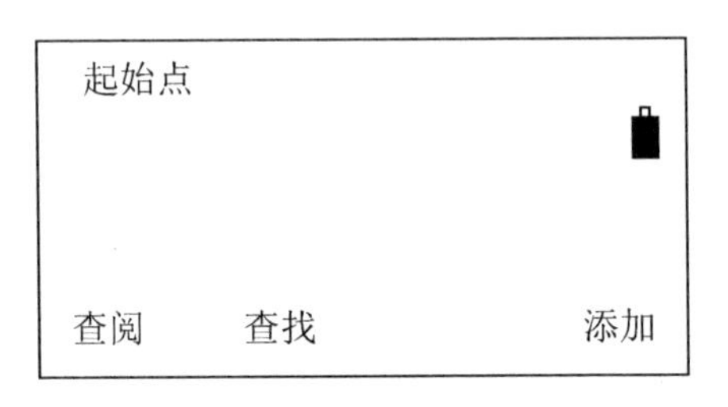

图 50　输入道路参数步骤(e)

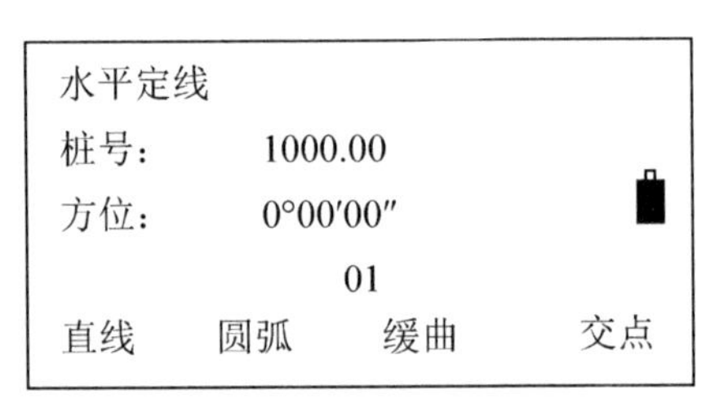

图 50　输入道路参数步骤(f)

(6) 输入好起始点的详细数据后，按[F4](确认)键，再按[ESC]键，屏幕如图 50(g)所示。

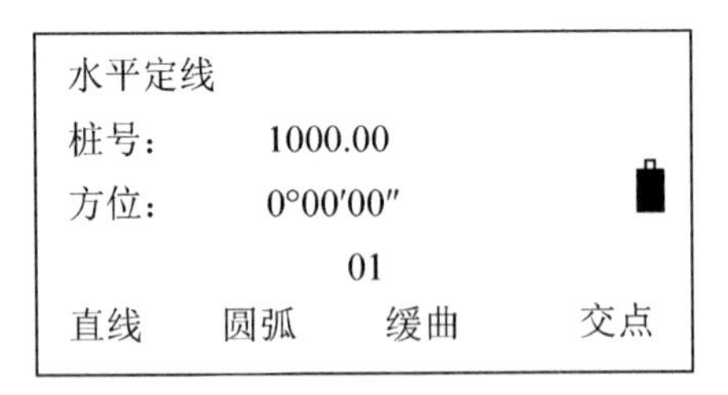

图 50　输入道路参数步骤(g)

(7) 按[F4]（添加)键，便进入主线输入过程屏幕，如图 50(h)所示。

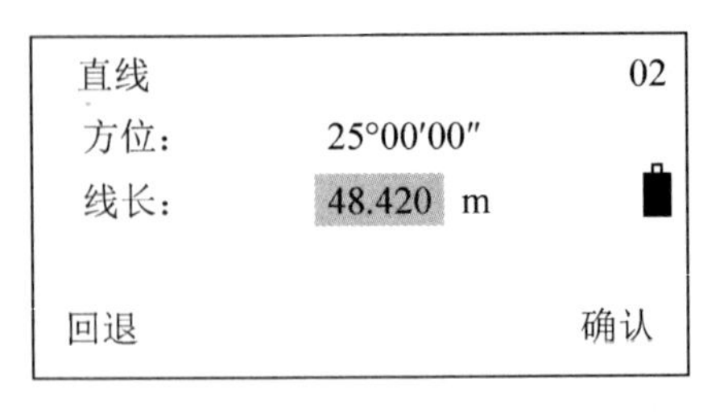

图 50　输入道路参数步骤(h)

(8) 在输入过程屏幕中按[F1](直线)键，便进入定义直线屏幕，如图 50(i)所示。

图 50　输入道路参数步骤(i)

(9) 如图 50(j)所示，输入直线的方位角后，按[F4](确认)键进入下一输入项，输入好直线的长度后，按[F4](确认)键。

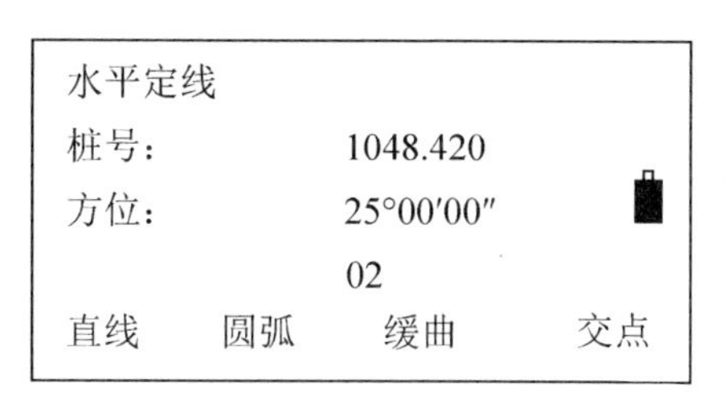

图 50 输入道路参数步骤(j)

(10) 如图 50(k)所示，存储该定线数据后，屏幕显示直线末端的桩号和该点的方位角。此时，便可定义其他曲线。当直线在线路的中间时，该直线的方位角由先前的元素算出，若要对该方位角进行改变，可手工输入新的方位角。

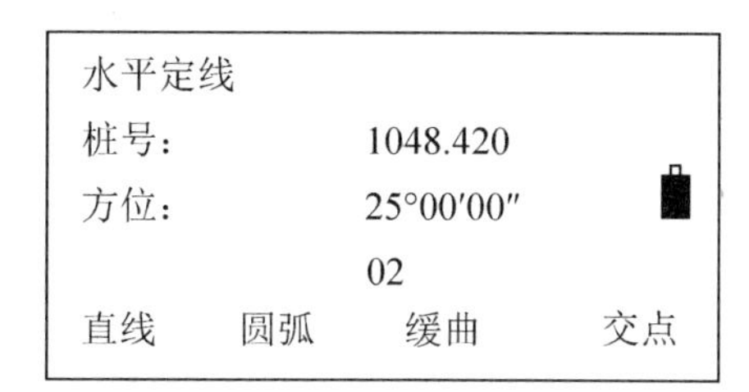

图 50 输入道路参数步骤(k)

(11) 在输入过程屏幕中按[F2](圆弧)键，便进入定义圆曲线屏幕，如图 50(l)所示。

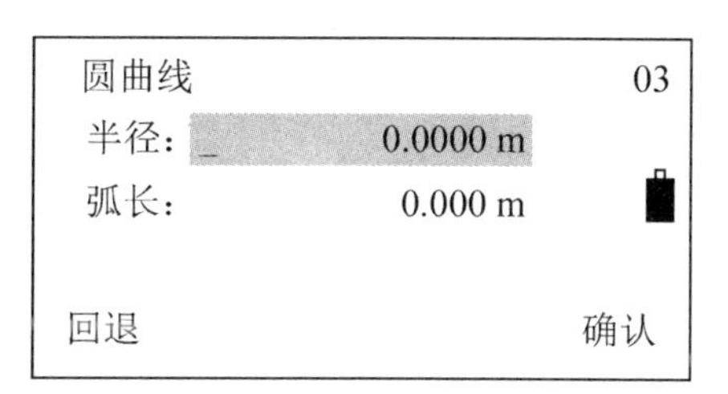

图 50 输入道路参数步骤(l)

(12) 输入半径和弧长，并按[F4](确认)键存储。

(13) 返回到主线输入过程屏幕，如图 50(m)所示。

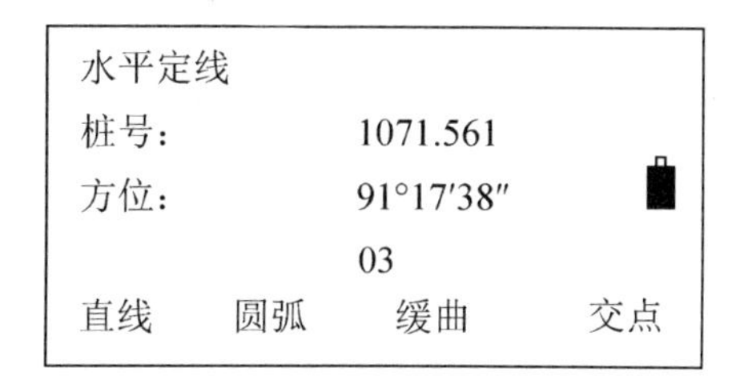

图 50 输入道路参数步骤(m)

(14) 如图 50(n)所示，在输入过程屏幕中按[F3](缓曲)键，便进入定义缓和曲线屏幕。

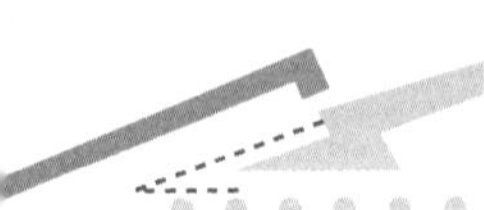

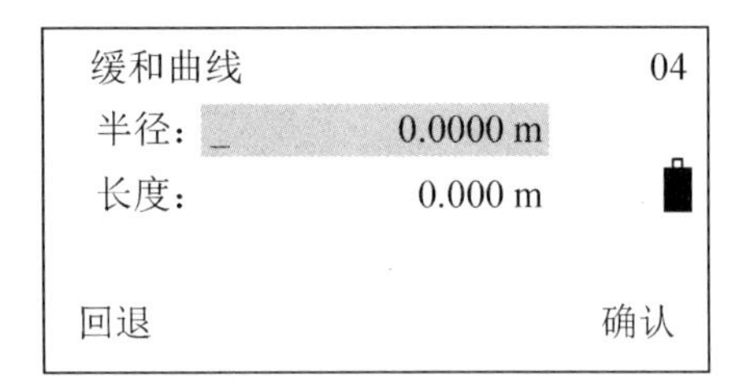

图 50　输入道路参数步骤(n)

(15) 输入缓和曲线的最小半径和弧长，并按[F4](确认)。

(16) 返回到主线输入过程屏幕。

2) 编辑水平定线

(1) 选择需要编辑的水平定线文件，再按[F1](查阅)键，屏幕显示选定的水平定线数据，如图 51 编辑水平定线步骤(a)所示。

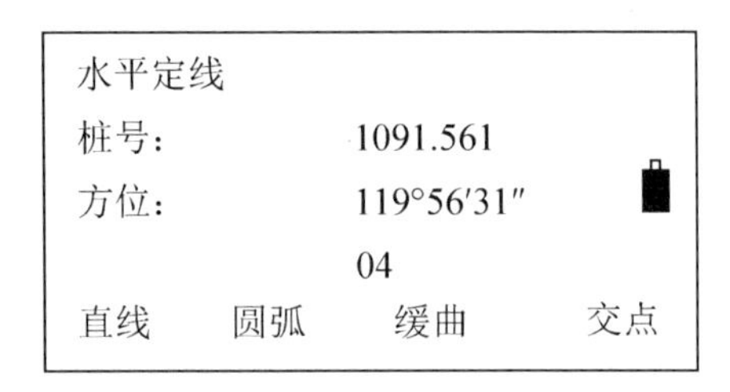

图 51　编辑水平定线步骤(a)

(2) 按▲或▼键找到需要编辑的水平定线数据，屏幕显示选择的内存中的水平定线数据，如图 51(b)所示。

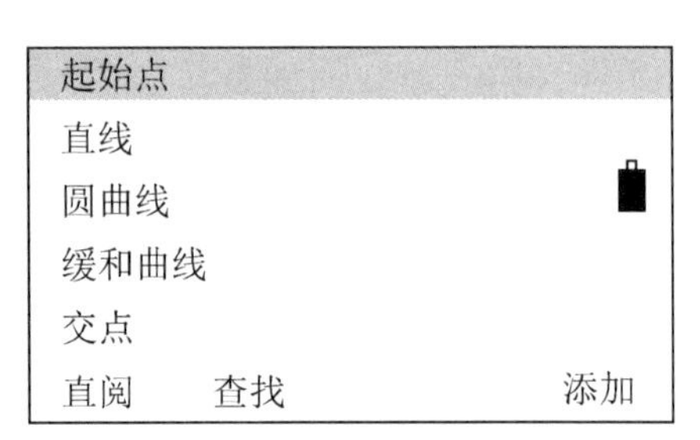

图 51　编辑水平定线步骤(b)

(3) 按[F1](编辑)键，输入新的数据，按[F4](确认)键便存储修改的数据，如图 51(c)所示。

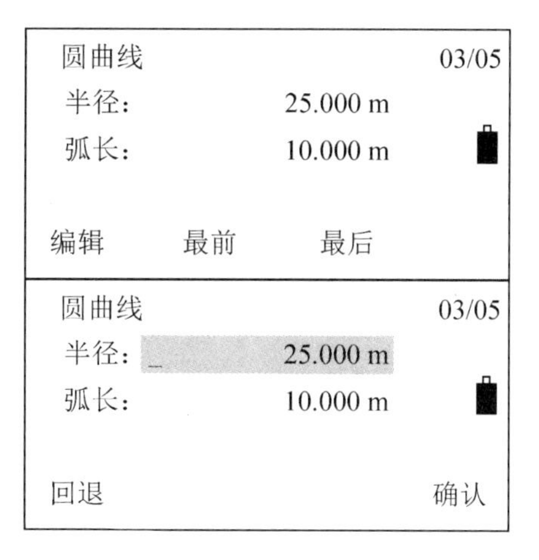

图 51 编辑水平定线步骤(c)

3）道路放样

可以根据道路设计确定的桩号和偏差来对设计点进行定线放样。

如图 52 所示，在“道路”菜单中选择“3. 道路放样”，然后在“道路放样”菜单中选择“1. 选择文件”。

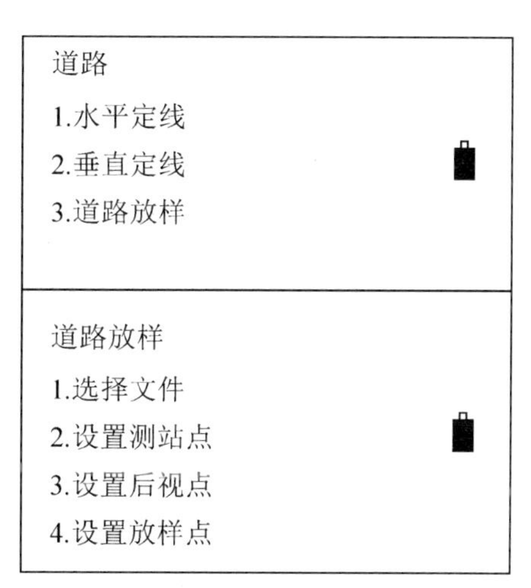

图 52 道路放样步骤

对于定线放样，必须先在【道路设计】程序中定义水平定线的线型。

垂直定线数据可以不用定义，但是若要计算填挖，则必须定义。定义方法同定义水平定线方法一样。

定线放样数据的规定如图 53(定线放样数据的规定)所示。

(1) 偏差。左：表示左边桩点与中线的平距，右：为右边桩与中线的平距。

(2) 高差。左(右)分别为左、右边桩与中线点的高程差。

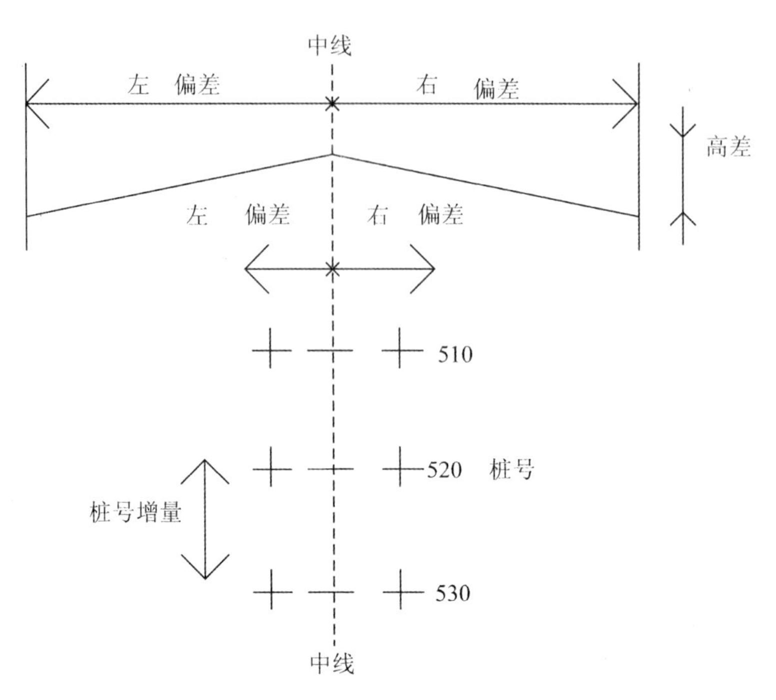

图53 定线放样数据的规定

附录A

综合应用案例

案例1 济南市某高层住宅施工测量方案

1. 编制依据

(1)《工程测量规范》(GB 50026—2007)。

(2) 北京市第一测绘分院提供的工程测量成果2004普测0668号。

(3) ××家园住宅小区施工图纸。

(4) ××家园住宅小区施工组织总设计。

2. 工程概况

济南市××家园住宅小区工程位于济南市历下区××桥路××号。总建筑面积109 271m^2，分主楼和裙房(裙房主要为地下车库)，主楼地下二层，车库地下一层，结构形式为全现浇框架、抗震剪力墙结构，地基为CFG桩复合地基，基础为筏板基础，埋深-10.55m。

地上结构：1#楼地上21层，建筑檐高为65.3m，主楼长57.98m，宽25.2m。2#、3#楼地上20层建筑檐高为62.4m，长70.5m，宽34.9m。标准层高均为2.900m。±0.000相当于绝对标高35.10m，室内外高差0.3m。

3. 施工准备

1) 场地准备

本工程施工时拆迁工作已基本结束，现场地势基本平坦，定位测量施工前先进行场地平整工作，清除障碍物后即可进行施工定位放线工作。

2) 测量仪器准备

根据本工程的规模、质量要求、施工进度确定所用的测量仪器，所有测量器具必须经专业法定检测部门检验合格后方可使用。使用时应严格遵照《工程测量规范》(GB 50026—2007)要求操作、保管及维护，并设立测量设备台账。测量仪器配备一览表见表A-1。

3) 技术准备

(1) 施测组织。本项目部特派专业测量人员成立测量小组，根据北京市第一测绘分院提供的工程测量成果2004普测0668号测定的坐标点和高程控制点进行施测，并按规定程

表 A-1 测量仪器配备一览表

序号	测量仪器名称	型号规格	单位	数量	备注
1	光学经纬仪	J_2	台	2	
2	自动安平水准仪	DZS3-1	台	3	
3	激光铅垂仪	JDA-96	台	1	
4	全站仪	BTS-3082C 型	台	1	
5	钢卷尺	50m	把	4	
		7.5m	把	4	
		5.5mm	把	20	
6	塔尺	5m	把	2	

序检查验收，对施测组全体人员进行详细的图纸交底及方案交底，明确分工，所有施测的工作进度逐日安排，由组长根据项目的总体进度计划进行安排。测量人员及组成：测量负责人 1 名，测量技术员 2 名，测量员 4 名。

(2) 技术要求。主要有以下 4 个。

① 所有参加施工测量人员、验线人员必须持证上岗，施工放线人员要固定，不能随便更换，如有特殊需要，必须由现场技术负责人同意后负责调换，以保证工程正常施工。

② 测量人员必须熟悉图纸，了解设计意图，学习测量规范，充分掌握轴线、尺寸、标高和现场条件，对各设计图纸的有关尺寸及测设数据应仔细校对，必要时将图纸上主要尺寸摘抄于施测记录本上，以便随时查找使用。

③ 测量人员测量前必须到现场踏勘，全面了解现场情况，复核测量控制点及水准点，保证测设工作的正常进行，提前编制施工测量方案。

④ 测量人员必须按照施工进度计划要求、施测方案、测设方法、测设数据计算和绘制测设草图，以此来保证工程各部位按图施工。

(3) 施测原则。主要有以下 6 条。

① 认真学习执行国家法令、政策与法规。明确一切为工程服务、按图施工、质量第一的宗旨。

② 遵守“先整体后局部”的工作程序，先确定“平面控制网”，后以控制网为依据，进行各细部轴线的定位放线。

③ 必须严格审核测量原始依据的正确性，坚持“现场测量放线”与“内业测量计算”工作步步校核的工作方法。

④ 测法要科学、简捷，仪器选用要恰当，使用要精心，在满足工程需要的前提下，力争做到省工、省时、省费用。

⑤ 定位工作必须执行自检、互检合格后再报检的工作制度。

⑥ 紧密配合施工，发扬团结协作、实事求是、认真负责的工作作风。

4. 主要施工测量方法

1) 坐标及高程引入

(1) 坐标点、水准点引测依据。根据济南市第×测绘分院提供的工程测量成果 2004 普测 0668 号，得知场外坐标控制点和水准控制点，见表 A-2 和表 A-3。

(2) 场区平面控制网布设原则。平面控制应先从整体考虑，遵循先整体、后局部，高精度控制低精度的原则，布设平面控制网形首先根据设计总平面图，现场施工平面布置图，

A-2 建筑物外侧坐标控制点

点号	纵坐标(X)	横坐标(Y)
2［1］1	310 905.237	511 596.028
2［1］2	310 900.050	511 509.940
2［1］6	310 984.939	511 633.622
2［1］8	310 949.355	511 439.622

A-3 建筑物外侧高程控制点

点号	高程/m	点号	高程/m	点号	高程/m
BM_A	35.314	BM_B	35.097	BM_C	35.386

选点应选在通视条件良好、安全、易保护的地方，本工程各楼座控制桩布设在混凝土护坡坡顶上，并用红油漆做好测量标记。

(3) 引测坐标点、水准点，建立局域控制测量网。其主要步骤如下。

① 坐标点。从现场场地的实际情况来看，整个基槽采取大开挖，现场可用场地较狭小，所以布设的控制点要求通视，便于保护施工方便。

根据设计图纸、施工组织设计对楼层进行网状控制，兼顾±0.000以上施工，确定控制控轴线标准如下。

1#楼 1—A、1—3、1—D、1—2、1—15、1—D′、1—13、1—A′。

2#楼 2—1、2—49、2—H、2—T。

3#楼 3—1、3—50、3—H、3—T。

a. 施测时，首先采用全站仪置于“规6点”，对中整平，后视照准“规2点”，前视“规8点”，校核测绘院提供的这几点相对距离、夹角是否符合。

b. 采用极坐标的施测方法，测设各楼座的定位点，全站仪置于“规6点”，对中整平，后视照准“规2点”，前视“各楼座定位点”，各楼座的控制轴线坐标点见表A-4。

A-4 建筑物定位主轴线交点——坐标一览表

点号	纵坐标(X)	横坐标(Y)
1	310 990.911	511 424.676
2	311 002.847	511 427.253
3	311 002.847	511 474.107
4	310 990.908	511 476.679
5	310 957.796	511 551.280
6	310 957.796	511 480.980
7	310 935.696	511 480.980
8	310 935.696	511 551.280
9	311 007.086	511 622.446
10	311 007.086	511 552.146
11	310 984.986	511 552.146
12	310 984.986	511 622.446
13	310 981.919	511 424.324

c. 采用全站仪坐标测量功能，复查各楼座定位点。全站仪置于“规6点”，对中整平，

输入规6点的绝对坐标，前置光靶于各楼座定位点，测读各楼座的坐标，复查校核各楼座坐标数据。

至此，就建立了本工程各楼座测量的控制轴线网，如图A.1所示。

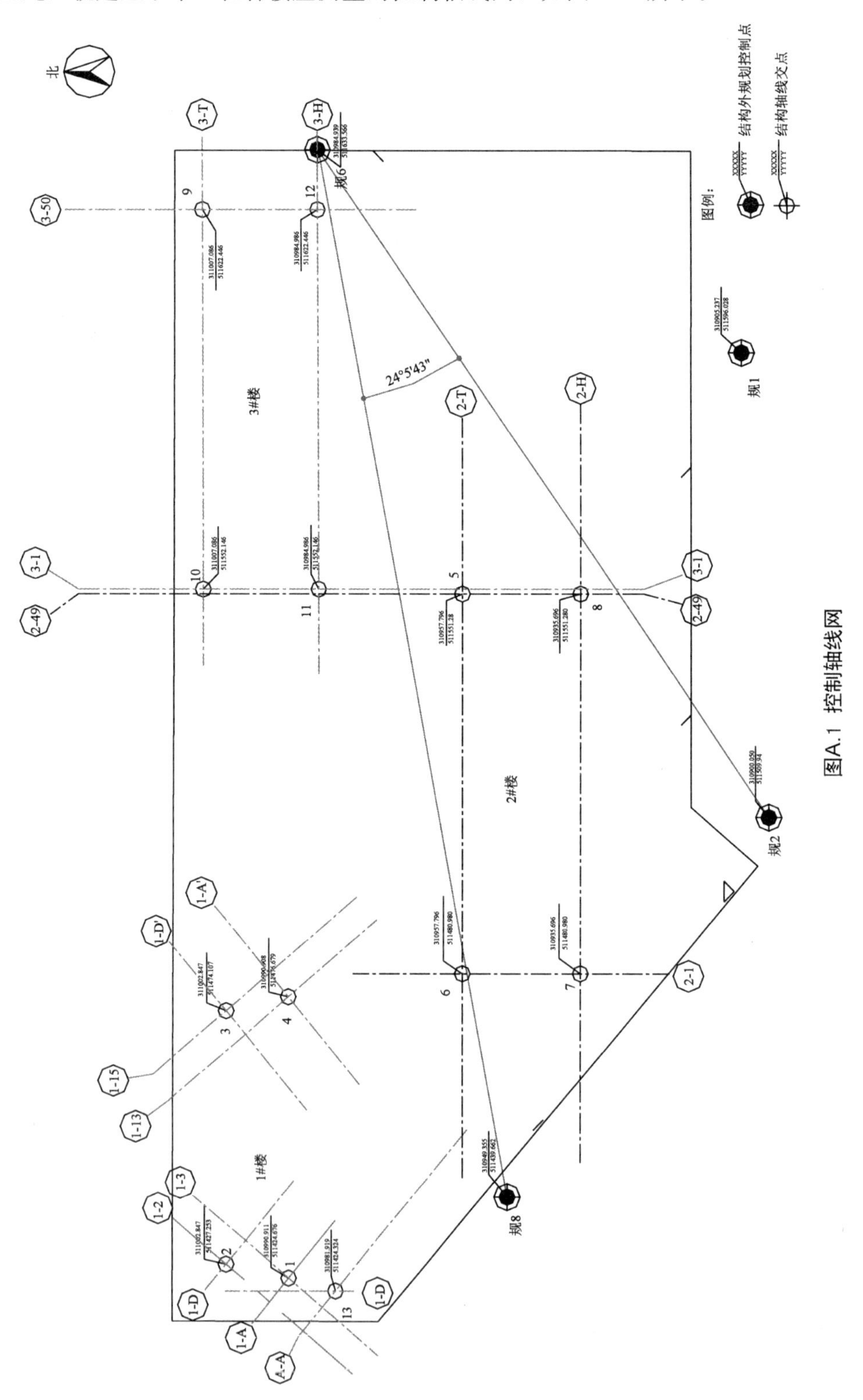

图A.1 控制轴线网

② 水准点。高程控制点根据测绘院提供的 BM_A、BM_B 及 BM_C 3 个高程控制点，如图 A.2 所示。采用环线闭合的方法，将外侧水准点引测至场内，向建筑物四周围墙上引测固定高程控制点为 35.100m，东侧设 1 个，南侧设 4 个点。

图 A.2 高程控制点

根据引测结果，确定高程点布置位置并绘制水准点控制图，如图 A.3 所示。

2）测量控制方法

（1）轴线控制方法。基础部位主要采用“轴线交会法”，主体结构主要为“内控天顶法”。

（2）高程传递方法。基础部位主要采取“钢尺挂垂球法”，主体结构为“钢尺垂直传递法”。

（3）轴线及高程点放样程序。主要包括以下 3 部分工作。

① 基础工程，其流程图如图 A.4 所示。

② 地下结构工程。

③ 地上结构施工，其流程图如图 A.5 所示。

3）基础测量放线

（1）轴线投测。

（2）标高控制。包括以下 4 部分内容。

① 高程控制点的联测。在向基坑内引测标高时，首先联测高程控制网点，以判断场区内水准点是否被碰动，经联测确认无误后，方可向基坑内引测所需的标高。

② 标高的施测。为保证竖向控制的精度要求，对每层所需的标高基准点，必须正确测设，在同一平面层上所引测的高程点，不得少于 3 个，并进行相互校核，校核后 3 点的偏差不得超过 3mm，取平均值作为该平面施工中标高的基准点，基准点应标在边坡立面位置上，所标部位应先用水泥砂浆抹成一个竖平面，在该竖平面上测设定施工用基准标高点，用红色三角作为标志，并标明绝对高程和相对标高，便于施工中使用，如图 A.6 所示。

③ 为了控制基槽的开挖深度，当基槽快挖到槽底设计标高时，用水准仪在槽壁上测设一些水平木桩，使木桩的上表面离槽底的标高为一固定值。为施工时方便，一般在槽壁各拐角处和槽壁每隔 3～4m 均测设一个水平桩。必要时可沿水平桩上表面挂线检查槽底标高。

④ 根据标高线分别控制垫层标高和混凝土底板标高，墙、柱模板支好检查无误后，用水准仪在模板上定出墙、柱标高线。拆模后，抄测结构控制顶板高度，如图 A.7 所示。在此基础上，用钢尺作为传递标高的工具。

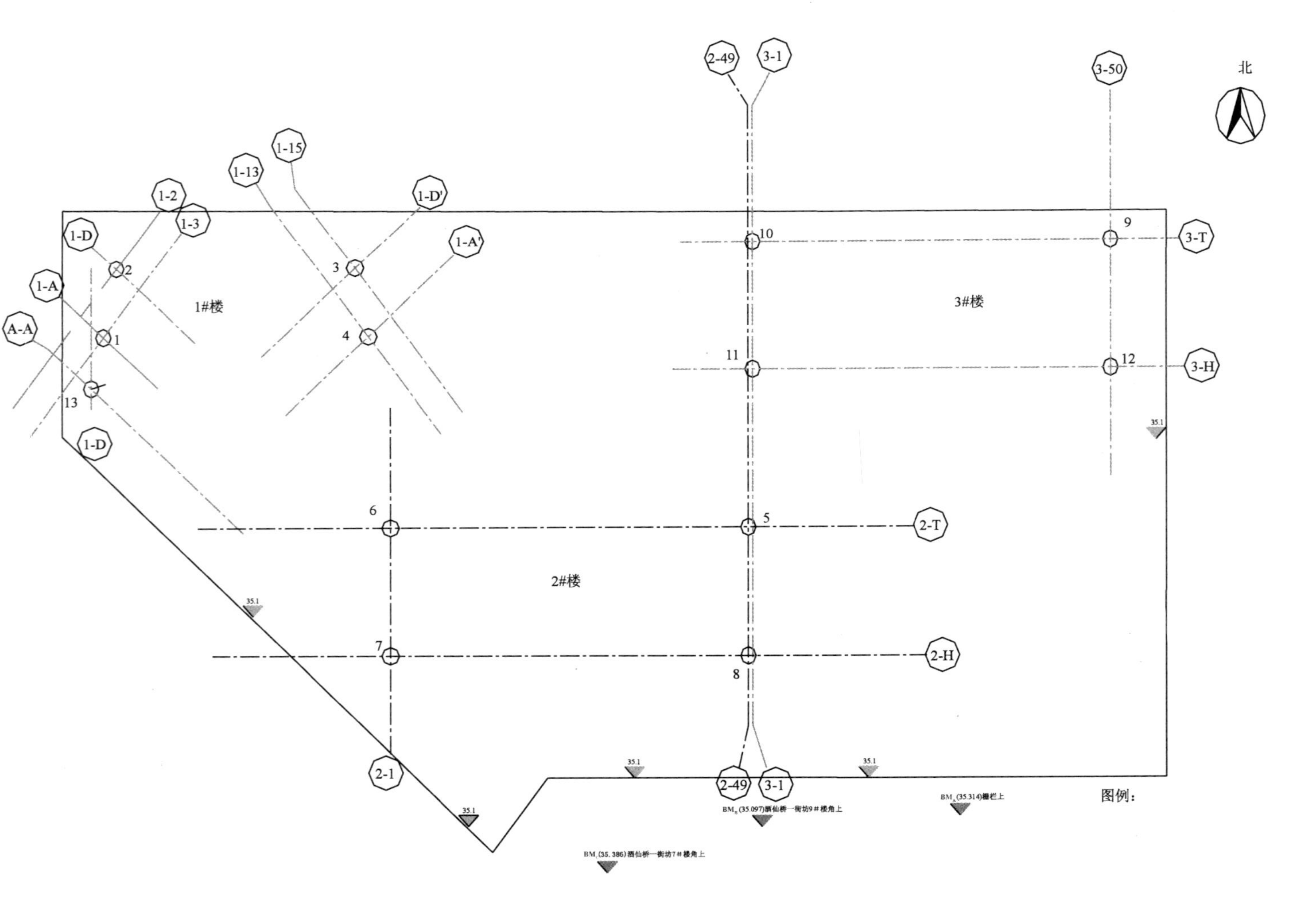

北
2-49
3-1
3-50
1-15
1-13
1-2
1-3
1-D'
1-D
1-A'
1-A
A-A
1#楼
3#楼
2#楼
10
9
3-T
11
12
3-H
2-T
2-H
2-1
1
2
3
4
5
6
7
8
13
35.1
图例：
本工程1#、2#、3#楼正负零标高控制点

图A.3　水准点控制网

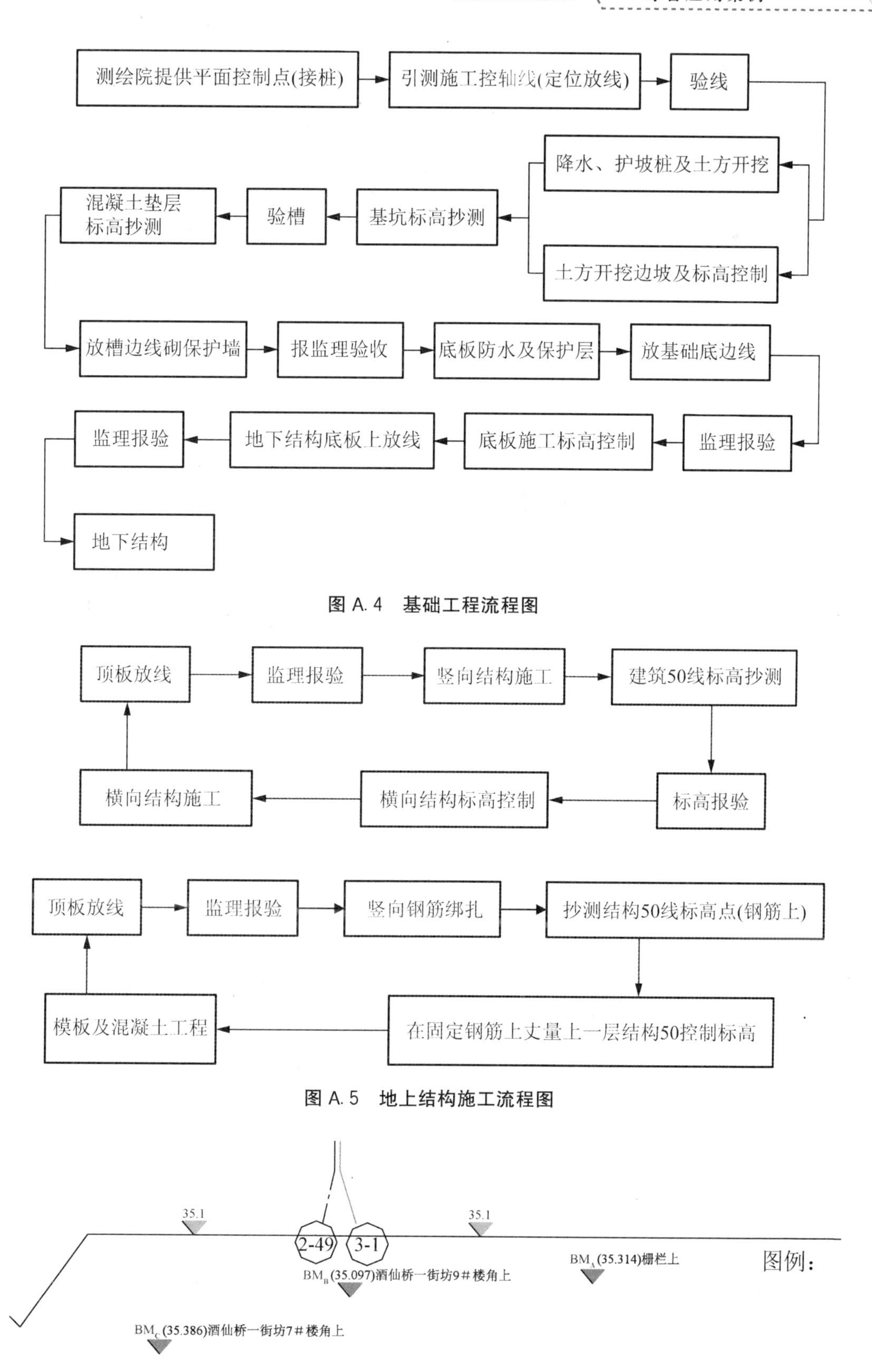

图 A.4 基础工程流程图

图 A.5 地上结构施工流程图

图 A.6 基准标高点

图 A.7　1m 标高控制线

4）主体结构测量放线

（1）楼层主控轴线传递控制。

（2）楼层标高传递控制。其内容包含以下几部分。

① 高程控制网的布置。本工程高程控制网采用水准法建立，现场共设置 5 个±0.000 水准点(绝对高程为 35.1m)。以绿色三角为标志，如图 A.8 所示。控制 1＃楼、2＃楼，3＃楼，分别设在现场周围的围墙和永久的建筑物上，点距约 30m。

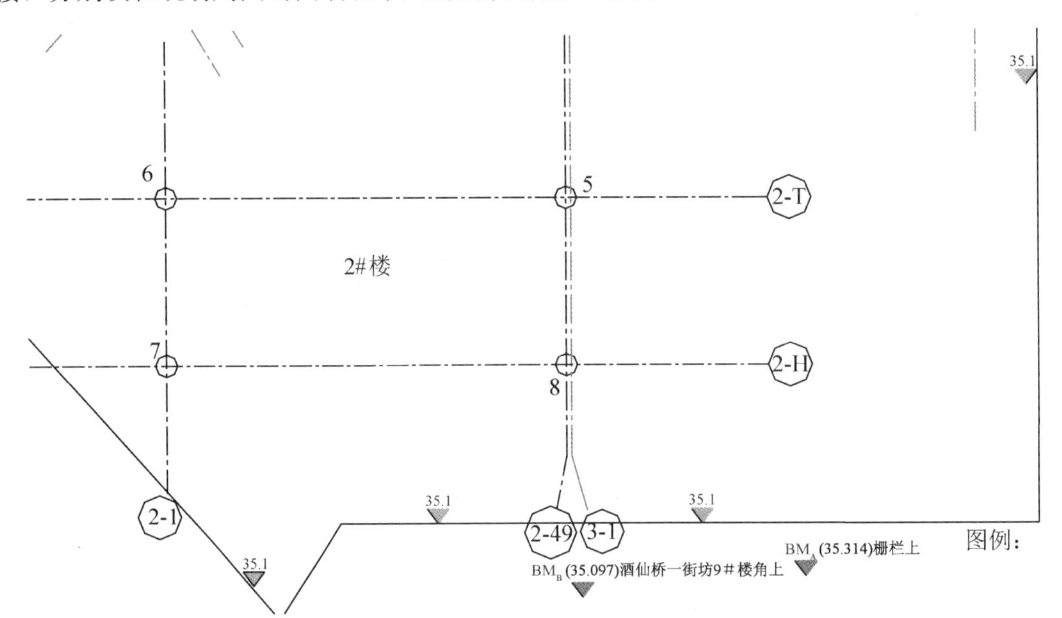

图 A.8　水准点

② 标高传递。主体上部结构施工时采用钢尺直接丈量垂直高度传递高程。首层施工完后，应在结构的外墙面抄测＋50cm 交圈水平线，在该水平线上方便于向上挂尺的地方，沿建筑物的四周均匀布置 4 个点，做出明显标记，作为向上传递基准点，这 4 点必须上下通视，结构无突出点为宜。以这几个基准点向上拉尺到施工面上以确定各楼层施工标高。在施工面上首先应闭合检查 4 点标高的误差，当相对标高差小于 3mm 时，取其平均值作为该层标高的后视读数，并抄测该层＋50cm 水平标高线。施工标高点测设在墙、柱外侧立筋上，并用红油漆做好标记。标高点标记如图 A.9 所示。

③ 由于钢尺长度有限，因此向上传递高程时采取接力传递的方法，传递时应在钢尺

图 A.9　标高点标记

的下方悬挂配重(要求轻重适宜)以保持钢尺的垂直。

④ 每层标高允许误差 3mm，全层标高允许误差 15mm，施工时严格按照规范要求控制，尽量减少误差。

5）安装工程标高控制

(1) 主体结构施工时以该楼层钢筋上 50cm 线为准。装修时安装以该层室内墙面 50cm 线为准。

(2) 装饰工程施工放线。包括以下 3 方面内容。

① 进行室内装饰面施工时，平面控制仍以结构施工控制线为依据，标高控制引测建筑 50 标高线，要求交圈闭合，误差在限差范围内。

② 外墙四大角以控制线为准，保证四大角垂直方正，经纬仪投测上下贯通，竖向垂直线供贴砖控制校核。

③ 进行外墙饰面施工时，以放样图为依据，以外门窗洞口、四大角上下贯通控制线为准，弹出方格网控制线(方格网大小根据饰面石材尺寸确定)。

6）测量注意事项

(1) 仪器限差符合同级别仪器限差要求。

(2) 钢尺量距时，对悬空和倾斜测量应在满足限差要求的情况下考虑垂曲和倾斜改正。

(3) 标高抄测时，采取独立施测二次法，其限差为±3mm，所有抄测应以水准点为后视。

(4) 垂直度观测。若采取吊垂球时应在无风的情况下，如有风而不得不采取吊垂球时，可将垂球置于水桶内。

7）细部放样的要求

(1) 用于细部测量的控制点必须经过检验。

(2) 细部测量坚持由整体到局部的原则。

(3) 方向控制尽量使用距离较长的点。

(4) 所有结构控制线必须清楚明确。

5. 质量标准

工程测量应以中误差作为衡量测绘精度的标准，二倍误差作为极限误差。为保证误差在允许限差内，各种控制测量必须按《工程测量规范》执行，操作按规范进行，各项限差必须达到下列要求。

(1) 建筑物控制网允许误差 1/15 000，边长相对中误差±20。

(2) 竖向轴线允许偏差。每层 3mm，全高 15mm。

(3) 标高竖向传递允许偏差。每层±3mm，全高±15mm。

6. 沉降观测

以建设单位聘请的有资质的测绘院施测数据为准。要求“三定”，即定人、定点、定仪器，如图 A.10 所示。

图 A.10　沉降观测

1) 建水准点

根据现场平面布置，水准点布置在塔吊基础和现场办公室墙面。

2) 观测点布置

沉降观测点布置在房角和长方向中部，观测点在墙肢内埋一个直径为 20mm 的弯钢筋，钢筋端头磨成球面，观测点按以下原则设置。

(1) 点位牢固，确保安全并能长期使用。

(2) 观测点是一个球面，与墙面保持 40mm 距离，能够在点位上垂直立尺。

(3) 点位通视良好，高度适中 0.5～1.0m，便于观测。

(4) 点位距混凝土边缘不少于 5cm。

(5) 按比例画出点位平面布置图，每个点都相应编号，以便观测和填写记录。

3) 观测时间

(1) 每一结构层施工完毕观测一次。

(2) 主体完工后每一个月观测一次。

(3) 竣工后移交建设单位继续观测。

(4) 下暴雨后观测一次。

4) 观测方法

(1) 各观测点首次高程精确测量。每次观测按固定后视占、观测路线按示意图进行，前后视距尽量相等，视距大约 15m，以减少仪器误差影响用 S1 水准仪和毫米分划水准尺。

(2) 在阴天无雾的情况下进行观测以便成像清晰。

(3) 各点同测完毕回到原后视点闭合，测量误差不超过 2mm。

(4) 采取“一稳”、“四固定”观测条件，环境基本相同，观测路线稳定，程序和方法固定。

5) 观测记录整理

每次观测结束后，对观测成果逐点进行核对，根据本次所测高程与首次所测高程之差计算出累计沉降量，并将每次观测日期、建筑荷载(工程形象)情况标注清楚，按表格填写记录并画出时间与沉降量、荷载的关系曲线图。

7. 施工测量质量保证措施

1) 保证质量措施

(1) 为保证测量工作的精度，应绘制放样简图，以便现场放样。

(2) 对仪器及其他用具定时进行检验，以避免仪器误差造成的施工放样误差。测量工作是一个极为繁忙的工作，任务大，精度高，因此必须按《工程测量规范》要求，对测量仪器、量具按规定周期进行检定，还应对周期内的经纬仪与水准仪的主要轴线关系每 2～3 个月进行定期校验。此外，还应做好测量辅助工具的配备与校验工作。

(3) 每次测角都应精确对中，误差±0.5mm，并采用正倒镜取中数。

(4) 高程传递水准仪应尽量架设在两点的中间，消除视准轴不平行于水准轴的误差。

(5) 使用仪器时在阳光下观测应用雨伞遮盖，防止气泡偏离造成误差，雨天施测要有防雨措施。

(6) 每个测角、丈量、测水准点都应施测两遍以上，以便校准。

(7) 每次均应作为原始记录登记，以便能及时查找。

2) 安全技术措施

(1) 轴线投测到边轴时，应将轴线偏离边轴 1m 以外，防止高空坠落，保证人员及仪器安全。

(2) 每次架设仪器，螺旋松紧适度，防止仪器脱落下滑。

(3) 较长距离搬运，应将仪器装箱后再进行重新架设。

(4) 轴线引测预留洞口 200mm×200mm 预留后，除引测时均要用木板盖严密，以防落物打击伤人或踩空，并设安全警示牌。

(5) 向上引测时，要对工地工人进行宣传，不要从洞口向下张望，以防落物打中。

(6) 外控引测投点时要注意临边防护、脚手架支撑是否安全可靠。

(7) 遵守现场安全施工规程。

8. 仪器保养和使用制度

(1) 仪器实行专人负责制，建立仪器管理台账，由专人保管、填写。

(2) 所有仪器必须每年鉴定一次，并经常进行自检。

(3) 仪器必须置于专业仪器柜内，仪器柜必须干燥、无尘土。

(4) 仪器使用完毕后，必须进行擦拭，并填写使用情况表格。

（5）仪器在运输过程中，必须手提、抱等，禁止置于有振动的车上。

（6）仪器现场使用时，司仪人员不得离开仪器。在使用过程中防曝晒、防雨淋，严格按照仪器的操作规程使用。

（7）水准尺不得躺放，三脚架水准尺不得做工具使用。

【案例分析】

1. 分析水准测量工作项目

从以上的材料可知，测量工作在整个建筑工程建设过程中起着重要的作用。了解到测量工作的具体工作项目。下面对测量工作项目进行分析。

1）施工前的测量准备工作

（1）熟悉设计图纸，仔细校核各图纸之间的尺寸关系。测设前需要下列图纸：总平面图、建筑平面图、基础平面图等。

（2）现场踏勘。全面了解现场情况，并对业主给定的现场平面控制点和高程控制点进行查看和必要的检核。

（3）制定测设方案。根据设计要求、定位条件、现场地形和施工方案等因素，制定测设方案，包括测设方法、测设数据计算和检核、测设误差分析和调整、绘制测设略图等。

（4）对参加测量的人员进行初步的分工并进行测量技术交底，并对所需使用的仪器进行重新检验。

2）建筑物定位放线

（1）建筑物的定位。

（2）建筑物轴线控制桩的布设。

3）现场施工水准点的建立

即根据指定控制点向施工现场内引测施工水准点(±0.000 的标高)。

4）±0.000 以下施工测量

（1）平面放样测量。

（2）±0.000 以下结构施工中的标高控制。

5）±0.000 以上施工测量

（1）±0.000 以上各楼层的平面控制测量。

（2）±0.000 以上各楼层高程控制测量。

6）建筑物的沉降观测

略。

2. 明确水准测量的具体任务

根据对测量工作项目的进一步分析，得到水准测量的具体工作任务。

（1）在测量工作实施前，对所需使用的仪器进行重新检验，并能对部分检验不合格条件进行校正。

（2）建立现场施工水准点。通过水准测量的方法，并采用一定的水准路线，根据已知控制点引测施工水准点(±0.000 的标高)。

（3）±0.000 以下结构施工中的标高控制。通过控制点联测，采用高程传递的方法，向基坑内引测设计标高，并满足误差要求。

基础结构支模后，采用测设已知高程的方法，在模板内壁测设设计标高控制线。拆模后，采用测设已知高程的方法，在结构立面抄测结构 1m 线。

(4) ±0.000 以上各楼层高程控制测量。其主要内容如下。

① 通过首层标高基准点联测，采用测设已知高程的方法，抄测两个楼体(主楼和裙房)标高控制点，作为地上部分高程传递的依据，避免两楼结构的不均匀沉降对标高造成影响。

② 采用高程传递的方法，对楼层进行高程传递。确定各楼层的标高基准点，并满足误差要求。

(5) 建筑物的沉降观测。在建筑物施工、使用阶段，使用水准仪，采用水准测量的方法，观测建筑物沉降观测点与水准点之间的高差变化情况。

3. 剖析工程中所应用的水准测量知识

要完成建筑工程建设过程中的测量工作任务，学生应具备相应的职业能力与专业知识。工程中水准测量工作任务内容多、责任重，需要学生重点理解和掌握。通过上述分析，总结水准测量相关知识点如下。

(1) 熟练掌握水准仪的种类、类型、组成构造及使用方法。

(2) 掌握简单的水准仪检测方法，了解简单的水准仪校正方法。

(3) 熟练掌握利用水准仪进行水准测量的方法。

(4) 熟练掌握采用各种水准路线进行水准测量的施测方法。

(5) 重点掌握采用测设已知高程的方法，引测施工现场设计标高。

(6) 重点掌握采用高程传递的方法，确定各楼层的标高基准点。

(7) 理解性掌握建筑物沉降观测的方法和作用。

知识点巩固习题

1. DS_3 水准仪检测时保证 I ________。

2. 水准点布设在通视良好的位置，距离基坑边线大致为________。

3. 现场施工水准点的建立布设成________水准路线。

4. ±0.000 以下标高的施测，腰桩的距离一般从角点开始每隔________m 测设一个，比基坑底计标高高出________m，并相互校核，误差控制在________即满足要求。

5. 基础结构模板拆模后，在结构立面抄测结构________线。

6. 标高的竖向传递应从首层起始标高线竖直量取，且每栋建筑应由________处分别向上传递。当 3 个点的标高差值小于________时，应取其平均值；否则应重新引测。

7. 建筑物总高为 $30m < H \leqslant 60m$ 时，进行高程传递允许偏差应≤________。

8. DS_3 水准仪检测项目有哪些？

9. 列举建筑工程测量施测所需的仪器设备。

案例2 济南市高新开发区某高层住宅施工测量方案

1. 编制依据

(1)《工程测量规范》(GB 50026—2007)。

(2) 济南市测绘局提供的高新开发区水准点。

(3) ××住宅小区施工图纸。

(4) ××住宅小区施工组织总设计。

2. 工程概况

高新开发区某建筑面积为52 178m²，其中地下二层面积为9 150m²，该工程的结构主体分为裙房和主楼两部分，裙房为3层，主楼为26层，面积43 028m²。该结构为全现浇框架、剪力墙结构，箱形基础，底板标高为－8.700m。地下二层层高均为3.6m，地上部分均为30层，B1栋高95.72m，B2栋高97.22m。＋0.000标高相当于绝对标高为21.300m，室外高差0.300m。

3. 施工准备

1) 场地准备

本工程施工时农业用地转为开发用地手续工作已结束，现场地势基本平坦，定位测量施工前先进行场地平整，然后即可进行施工定位放线工作。

2) 测量仪器准备

根据本工程的规模、质量要求、施工进度确定所用的测量仪器(见表A-5)，所有测量器具必须经专业法定检测部门检验合格后方可使用。使用时应严格遵照《工程测量规范》(GB 50026－2007)要求操作、保管及维护，并设立测量设备台账。

表A-5 现场测量仪器一览表

序号	器具名称	型号	单位	数量
1	GPS		台	1
2	激光经纬仪＋电子经纬仪	J_2	台	2
3	水准仪＋自动安平水准仪	DS_3	台	3
4	全站仪	RTS	台	1
5	接受靶		个	1
6	钢尺	50m	把	2
7	钢尺	30m	把	2
8	盒尺	5m	把	2
9	对讲机		个	3
10	墨斗		只	4

3）技术准备

（1）施工测量组织工作。其具体内容如下。

① 由项目技术部专业测量人员成立测量小组，根据济南市测绘研究院及甲方给定的坐标点和高程控制点进行工程定位、建立轴线控制网。按规定程序检查验收，对施测组全体人员进行详细的图纸交底及方案交底，明确分工，所有施测的工作进度及逐日安排，由组长根据项目的总体进度计划确定。

② 测量人员及组成。测量负责人 1 名，测量技术员 1 名，测量员 4 名。

（2）技术要求。包括以下几方面内容。

① 所有参加施工测量人员、验线人员必须持证上岗，施工放线人员要固定，不能随便更换，如有特殊需要必须由现场技术负责人同意后负责调换，以保证工程正常施工。

② 测量人员必须熟悉图纸，了解设计意图，学习测量规范，充分掌握轴线、尺寸、标高和现场条件，对各设计图纸的有关尺寸及测设数据应仔细校对，必要时将图纸上主要尺寸摘抄于施测记录本上，以便随时查找使用。

③ 测量人员测量前必须到现场踏勘，全面了解现场情况，复核测量控制点及水准点，保证测设工作的正常进行，提前编制施工测量方案。

④ 测量人员必须按照施工进度计划要求、施测方案、测设方法，进行测设数据计算和绘制测设草图，以此来保证工程各部位按图施工。

（3）施测原则。主要有以下 5 点。

① 严格执行测量规范；遵守先整体后局部的工作程序，先确定平面控制网，后以控制网为依据，进行各局部轴线的定位放线。

② 必须严格审核测量原始数据的准确性，坚持测量放线与计算工作同步校核的工作方法。

③ 定位工作执行自检、互检合格后再报检的工作制度。

④ 测量方法要简捷，仪器使用要熟练，在满足工程需要的前提下，力争做到省工、省时、省费用。

⑤ 明确“为工程服务，按图施工，质量第一”的宗旨。紧密配合施工，发扬团结协作、实事求是、认真负责的工作作风。

4. 主要施工测量方法

1）校核起始依据，建立建筑物控制网

（1）校核起始依据。以高新水准点为基准点，以施工坐标为测设点，用 GPS 定位测设点。然后用直角坐标法建立场区控制网作为建筑物平面控制网。以高程控制点为依据，做等外附合水准测量，将高程引测至场区内。平面控制网导线精度不低于 1/10 000，高程控制测量闭合差(mm)不大于$\pm 30\sqrt{L}$(L 为附合路线长度以 km 计)。在测设建筑物控制网时，首先要对起始依据进行校核。根据红线桩及图纸上的建筑物角点坐标，反算出它们之间的相对关系，并进行角度、距离校测。校测允许误差：角度为$\pm 12''$；距离相对精度不低于 1/15 000。对起始高程点应用附合水准测量进行校核，高程校测闭合差(mm)不大于$\pm 10\sqrt{n}$(n 为测站数)。

（2）建立建筑物控制网。建筑物外边 7m 为矩形平面控制网(如图 A. 11 所示)。建筑物平面控制网点必须妥善保护。

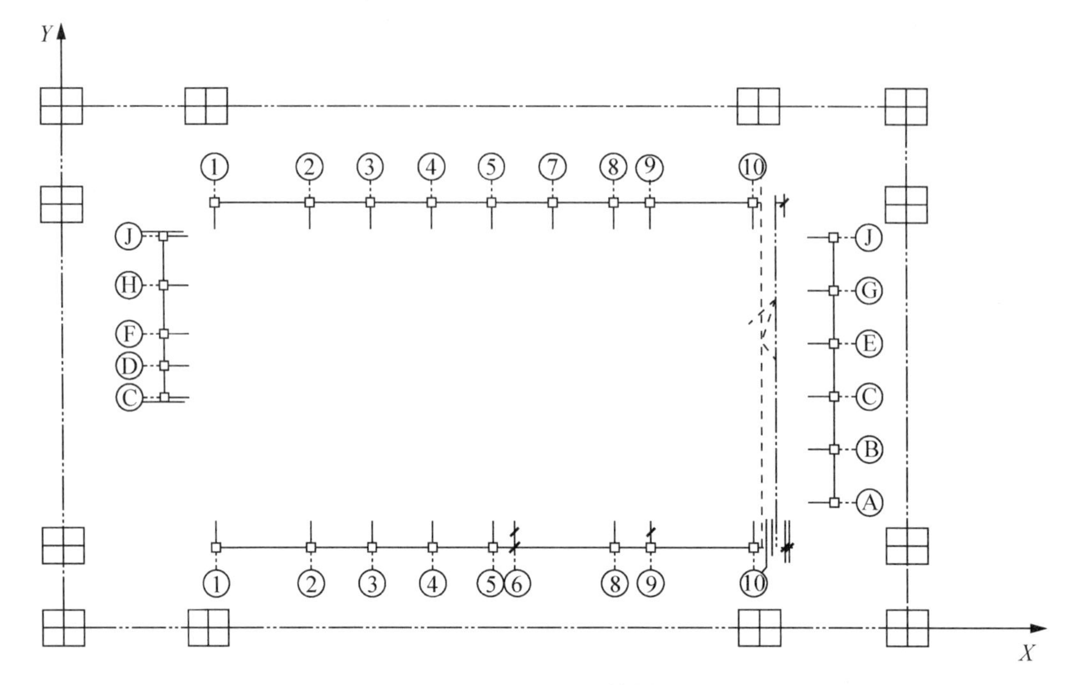

图 A.11　矩形平面控制网

（3）主轴线的测设。包括如下两部分内容。

① 主轴线的选择。该工程的结构主体分为裙房和主楼两部分，裙房为 3 层，主楼为 26 层，中间留有后浇带。因此，定主轴线时，按流水段的划分将该工程分 3 部分进行主轴线的控制。选择 1 轴、2 轴、5 轴、7 轴、8 轴、9 轴、14 轴作为 X 方向的主轴线；A 轴、C 轴、J 轴作为 Y 方向的主轴线。

② 主轴线的测设。根据平面控制网图纸尺寸 X 轴距 A 轴、J 轴 10m 处 1 点上架设经纬仪，后视 14 点在此方向上量测出 2 轴、5 轴、7 轴、8 轴、9 轴、10 轴桩点，再后由 14 轴桩点扩 7m 定位 Y 轴并量测出 A 轴、C 轴、J 轴桩点。测设完的主轴线桩及控制桩应用围栏要妥善保护，长期保存，如图 A.12 所示。

2）高程控制

利用高程点进行附合测法在场区内布设不少于 8 个点的水准路线，这些水准点作为结构施工高程传递的依据。

3）±0.000m 以下及基础施工测量

该工程的基础底板标高为－8.700m。标高传递采用钢尺配合水准仪进行，并控制挖土深度。挖土深度要严格控制，不能超挖。在基础施工时，为监测边坡变形，在边坡上埋设标高监测点，每 10m 埋设一个，随时监测边坡的情况。

清槽后，用经纬仪将 3、14、B、G4 条轴线投测到基坑内，并进行校核，校核合格后，以此放出垫层边界线。按设计要求，抄测出垫层标高，并钉小木桩。在垫层混凝土施工时，拉线控制垫层厚度。

地下部分的轴线投测，采用经纬仪挑直线法进行外控投测。垫层施工完后，将主轴线投测到垫层上。先在垫层上对投测的主轴线进行闭合校核，精度不低于 1/8 000，测角限差为±12″。校核合格后，再进行其他轴线的测设，并弹出墙、柱边界线。施测时，要严

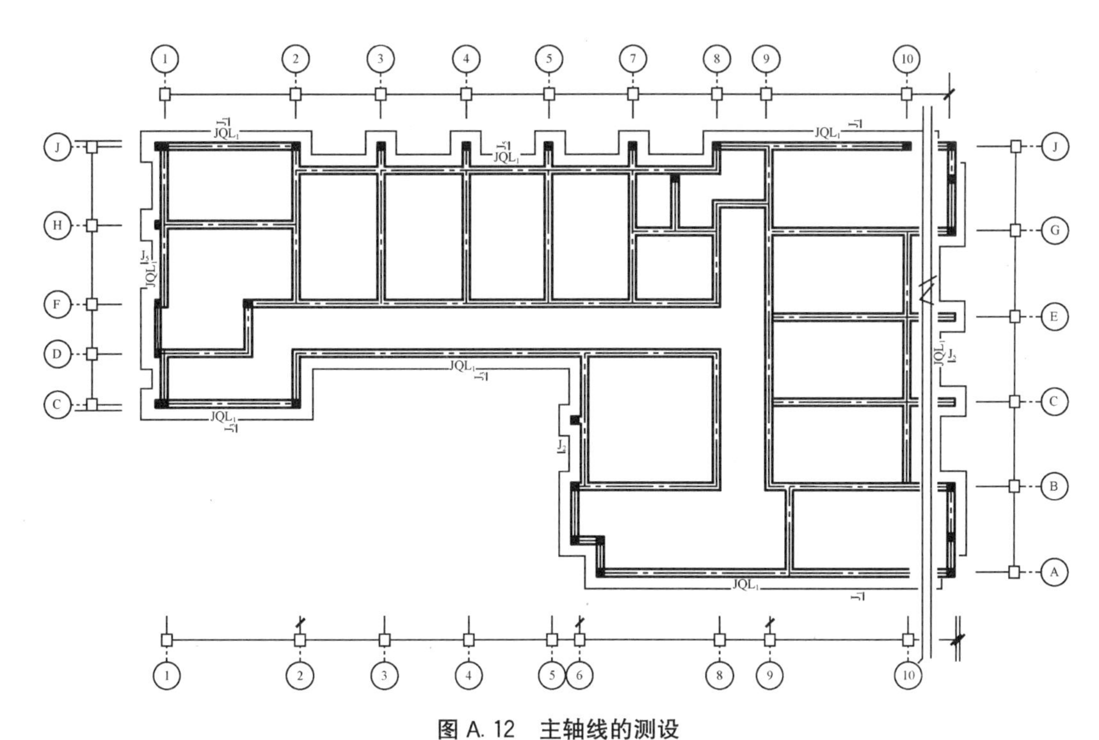

图 A.12 主轴线的测设

格校核图纸尺寸、投测的轴线尺寸，以确保投测轴线无误。

地下部分结构施工的高程传递，用钢尺传递和楼梯间水准仪观测互相进行，互为校核。

4）±0.000m 以上施工测量

(1) 轴线竖向传递。本工程的轴线竖向传递采用激光铅直仪内控法。在首层地面设置投测基点。在首层地面钢筋绑扎施工时，在欲设置激光投测点的位置预埋 100mm×100mm 铁板，铁板上表面略高于混凝土上表面。激光投测点的选择要综合考虑流水段的划分，分别在 2 轴、5 轴、7 轴、8 轴、9 轴、10 轴桩点 14 轴西侧；A 轴南侧、J 轴北侧布设激光投测点。

各点距主轴线距离均为 1.000m。施工至首层平面时，对各主轴线桩点进行距离、角度校核，校核合格后再进行首层平面放线。放线后，再将各激光投测点测定在预埋铁板上，并再次校核，合格后方可进行施工。

每层顶板应在各激光投测点相应的位置上预留 150mm×150mm 的接收孔。投测时将激光铅直仪置于首层控制点上，在施工层用有机玻璃板贴纸接收。每个点的投测均要用误差圆取圆心的方法确定投测点。即每个点的投测应将仪器分别旋转 90°、180°、270°、360°投测 4 个点，取这 4 个点形成的误差圆的圆心作为投测点。每层投测完后均要进行闭合校核，确保投测无误，再放线其他轴线及墙边线、柱边线，如图 A.13 所示。

主楼高 85m，为保证竖向投测的精度，轴线投测采用两次接力投测。在 10 层混凝土施工前，先在北侧投测点的南侧 500mm 处，南侧投测点的北侧 500mm 处预埋 4 块铁板。待地面轴线投测完后，精密校核合格后将原投测点分别向南和向北移动 500mm，将这 4 个点作为 10 层以上轴线投测的起始点。轴线竖向投测的精度不应低于 1/10 000，且每层投测误差不应超过 2mm。

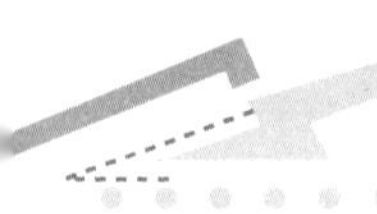

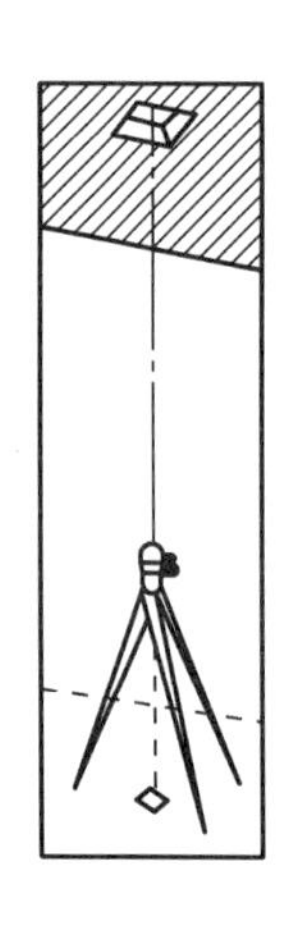

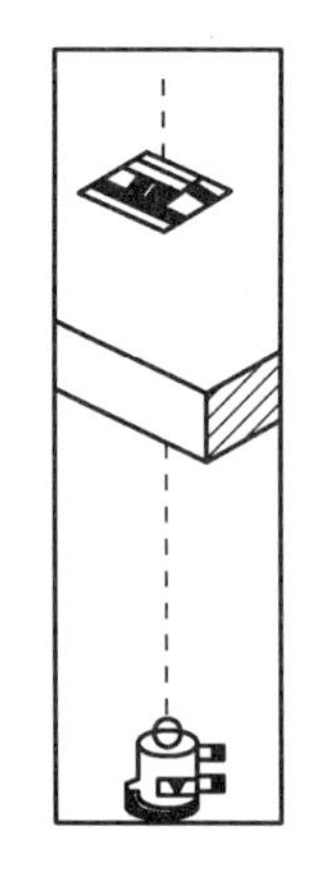

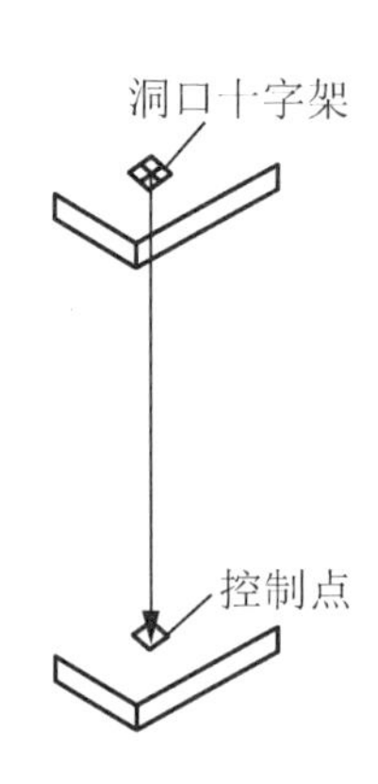

图 A. 13　轴线横向传递

（2）高程传递。首层施工完成后，将±0.000m 的高程抄测在首层柱子上，且至少抄测 3 处，并对这 3 处进行附合校核，合格后以此进行标高传递。±0.000m 以上标高传递采用钢尺从 3 个不同部位向上传递。每层传递完后，必须在施工层上用水准仪校核。由于高程超过一整尺，因此，在 10 层标高投测后，精确校核，合格后，以此作为 10 层以上结构施工高程传递依据。

标高传递误差主楼不应超过±15mm，裙房不超过±10mm，且每层标高竖向传递的距离不应超过±3mm，超限必须重测。每层结构施工完后，在每层的柱、墙上抄测出 1.000m 线，作为装修施工的标高控制依据。

5）装修施工测量

在结构施工测量中，按装修工程要求将装饰施工所需要的控制点、线及时弹在墙、板上，作为装饰工程施工的控制依据。

（1）地面面层测量。在四周墙身与柱身上投测出 100cm 水平线，作为地面面层施工标高控制线。根据每层结构施工轴线放出各分隔墙线及门窗洞口的位置线。

（2）吊顶和屋面施工测量以 1 000m 线为依据，用钢尺量至吊顶设计标高，并在四周墙上弹出水平控制线。对于装饰物比较复杂的吊顶，应在顶板上弹出十字分格线，十字线应将顶板均匀分格，以此为依据向四周扩展等距方格网来控制装饰物的位置。屋面测量首先要检查各方向流水实际坡度是否符合设计要求，并实测偏差，在屋面四周弹出水平控制线及各方向流水坡度控制线。

（3）墙面装饰施工测量。内墙面装饰控制线，竖直线的精度不应低于 1/3 000，水平线精度每 3m 两端高差小于±1mm，同一条水平线的标高允许误差为±3mm。外墙面装饰用铅直线法在建筑物四周吊出铅直线以控制墙面竖直度、平整度及板块出墙面的位置。

（4）电梯安装测量。在结构施工中，从电梯井底层开始，以结构施工控制线为准，及时测量电梯井净空尺寸，并测定电梯井中心控制线。测设轨道中心位置，并确定铅垂线，并分别丈量铅垂线间距，其相互偏差(全高)不应超过 1mm。每层门套两边弹竖直线，并保证电梯门槛与门前地面水平度一致。

（5）玻璃幕墙的安装测量。结构完工后，安装玻璃幕墙时，用铅垂钢丝的测法来控制竖直龙骨的竖直度，幕墙分格轴线的测量放线应以主体结构的测量放线相配合，对其误差应在分段分块内控制、分配、消化，不使其积累。幕墙与主体连接的预埋件应按设计要求埋设，其测量放线偏差高差不大于±3mm，埋件轴线左右与前后偏差不大于10mm。

6）放线质量检查工作

每次放线前，均应仔细看图，弄清楚各个轴线之见的关系。放线时要有工长配合并检查工作。放线后，质检人员要及时对所放的轴线进行检查。重要部位要报请监理进行验线，合格后方可施工。所有验线工作均要有检查记录。对验线成果与放线成果之间的误差处理应符合《建筑工程施工测量规程》的规定。

（1）当验线成果与放线成果之差小于$1/\sqrt{2}$的限差时，放线成果可评为优良。

（2）当验线成果与放线成果之差略小于或等于$\sqrt{2}$限差时，对放线工作评为合格(可不必改正放线成果或取两者的平均值)。

（3）当验线成果与放线成果之差超过$\sqrt{2}$限差时，原则上不予验收，尤其是重要部位，若次要部位可令其局部返工。

7）精度要求

轴线竖向投测精度不低于1/10 000。平面放线量距精度不低于1/8 000，标高传递精度主楼和裙房分别不超过±15mm、±10mm。

8）仪器选用

该工程测量选用TOPCON电子全站仪1台，2"级经纬仪2台，DS_3水准仪2台，50m钢卷尺2把，激光铅直仪1台。

9）测量工作的组织与管理

施工测量管理工作由项目部主任工程师负责，测量技术员负责具体实施，由测量班进行操作。每次放完线后，由质检人员进行验线。各级人员均要遵守各自的岗位责任制，互相监督。

案例3 某居住区高层公寓北区D楼、E楼、F楼施工测量方案

1．工程概况和编制依据

1）工程概况

本工程位于某市某公园以南，整个拟建工程分别由一幢20+1层、一幢18+1层、一幢16+1层，系框剪结构。本施工段由D楼、E楼、F楼组成，同一个基础，地下室为车库。建筑高度D楼69.5m，E楼为62.5m，F楼为56.5m。建筑室内外高差为300mm，地下一层结构标高比建筑标高低200mm，其余室内结构标高比建筑标高低0.050m。D楼、E楼、F楼地下一层结构标高为－5.6～－6.4m，承台厚度为1～1.2m，底板厚度为300mm，基础下面为100mm厚C15素混凝土的垫层。根据设计本工程±0.000m相当于绝对标高20.700m，室外地面标高在绝对标高20.4m处。由某房地产开发有限公司投资兴建，某建筑设计研究总院设计，某建设监理有限公司监理，并由某建筑工程有限公司承建。

2）编制依据

（1）《工程测量规范》(GB 50026—2007)。

（2）《建筑施工测量手册》2003年9月。

（3）建设单位提供的控制点成果表。

（4）设计施工图，施工总平面布置图。

2. 施工测量要求

(1) 测量方法。一级导线测量；三等水准测量。

(2) 测量仪器。全站仪、DJ2 经纬仪、DSZ－3 水准仪，钢卷尺、激光铅垂仪。

(3) 建筑方格网的主要技术要求。测度中误差为 5″；边长相对中误差为≤1/30 000。

(4) 测量记录必须原始真实、数字正确、内容完整、字体工整，测量精度要满足《工程测量规范》(GB 50026－2007)要求，同时根据现行相关的测量规范和有关规程进行精度控制。

3. 施工测量部署

1) 施工测量人员组成

由于本工程设地下一层结构，加之上部主体结构复杂，经项目研究决拟选派具有丰富测量经验的人员为测量组组长，另增设两名测量员配合其搞好本工程的测量工作。

2) 施工测量组织工作

由项目技术科专业测量人员成立测量小组，根据某房地产开发有限公司提供的坐标点B1(44 762.299，38 208.585)、B2(45 058.448，38 192.352)和水准高程控制点 B3(绝对标高 19.138m)进行工程定位、建立轴线控制网。按规定程序检查验收，对施测组全体人员进行详细的图纸交底及方案交底，明确分工，所有施测的工作进度及逐日安排，由组长根据项目的总体进度计划进行安排。

3) 准备工作

(1) 全面了解设计意图，认真熟悉与审核图纸。施测人员通过对总平面图和设计说明的学习，首先了解工程总体布局、工程特点、周围环境、建筑物的位置及坐标；其次了解现场测量坐标与建筑物的关系，水准点的位置、高程以及首层±0.000 的绝对标高。在了解总图后认真学习建筑施工图，及时校对建筑物的平面、立面、剖面的尺寸、形状、构造。它是整个工程放线的依据，在熟悉图纸时，着重掌握轴线的尺寸、层高；对比基础、楼层平面、建筑、结构几者之间轴线的尺寸；查看其相关之间的轴线及标高是否吻合，有无矛盾存在。

(2) 测量仪器的选用。根据有关规定，测量中所用的仪器和钢尺等器具，经具有仪器校验资质的检测厂家进行校验合格后方可投入使用。表 A－6 为现场测量仪器一览表。

A－6　现场测量仪器一览表

序　号	器具名称	型　号	单　位	数　量
1	全站仪	STS－750	台	1
2	经纬仪	DJ2	台	1
3	经纬仪	DJ6	台	1
4	水准仪	DSZ－3	台	3
5	激光垂直仪		台	2
6	激光接受靶		个	2
7	钢尺	50m	把	5

续表

序　　号	器具名称	型　　号	单　　位	数　　量
8	钢尺	30m	把	3
9	钢尺	5m	把	15
10	盒尺	5m	把	2
11	塔尺	5m	把	3
12	对讲机		个	3
13	墨斗		只	8
14	线锤	5kg		5
15	线锤	0.5kg		2

4. 控制网测设与施工测量

1）平面控制网测设

(1) 布网原则。布网时需要注意以下原则。

① 控制网中应包括作为场地定位依据的红线桩和红线，建筑物的对称轴和主要轴线，主要弧线的长弦和矢高方向，电梯井的主要轴线和施工分段轴线。

② 在保证其长期保留的前提下，控制网四周尽量平行于建筑物边线，以便于闭合检验校核。

③ 控制线间距控制为20～50m，两点间应通视易量。控制桩的顶面标高应略低于场地标高，桩底应低于冰冻层，以有利于长期保留。

④ 平面控制应先从整体考虑，遵循先整体、后局部、高精度控制低精度的原则。

⑤ 平面控制网的坐标系统与工程设计所采用的坐标系统一致，布设呈矩形或方格形。

⑥ 布设平面控制网时首先根据设计总平面、现场施工平面布置图。

⑦ 选点应在通视条件良好、安全、易保护的地方。

⑧ 轴线控制桩位必须采取措施加于保护，必要时用钢管进行围护，并用红油漆做好标记。

(2) 依据平面布置，本工程共设置六横六纵共12条主控轴线，各轴线代号及偏位方向见表A-7。

表A-7　各主控轴线

轴向	序　　号	楼　　号	轴　　号
横轴	1	D号楼	G—G轴南偏500mm
	2		C—C轴南偏500mm
	3	E号楼	U—U轴南偏500mm
	4		N—N轴南偏500mm
	5	F号楼	F—F轴南偏500mm
	6		B—B轴南偏500mm

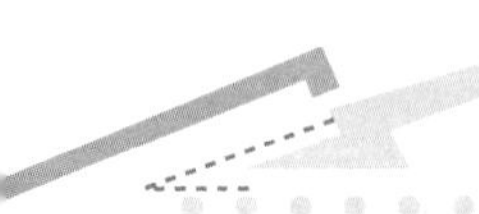

续表

轴向	序　　号	楼　　号	轴　　号
纵轴	1	D号楼	3—3轴东偏500mm
	2		6—6轴西偏500mm
	3	E号楼	6—6轴西偏500mm
	4		12—12轴东偏500mm
	5	F号楼	16—16轴东偏500mm
	6		22—22轴东偏500mm

其中以横轴G轴、C轴、U轴、N轴、F轴、B轴；纵轴3轴、6轴、12轴、16轴、22轴为主要控制轴线，在实际施工过程中必须加强上述主控轴线交点处控制点的保护，D楼、E楼、F楼处共设12个控制点，以方便主体结构工程施工控制。

(3) 建筑布网控制精度。控制网不仅作为场内建筑物准确定位和高程竖向控制的依据，而且将作为建筑物竣工测量变形观测的主要参照点，所以精度要求十分严格，规范规定建筑定位放线的边长相对中误差精度应小于1/3 000，测角中误差应小于1′。

(4) 主控轴线定位时，均布置引线，横轴东侧、西侧、纵轴南侧投测到工地围墙上和北会所处的墙壁上(标志点的布设要求不受日后施工影响)，纵轴北侧投测到北面临时设施的围墙上或临时设施的墙上，作为D楼、E楼、F楼地下室施工的临时控制点，临时控制点的精度要求同主控轴上的其他控制点。围墙上、地面的引线均需用红双三角标出清晰明了。

(5) 平面控制网的测法。根据建设单位提供的场内主要控制点进行场内控制网的布控，考虑场地较为复杂，拟建建筑面积较大，测量精度要求较高，决定采用归化测法，即先初步测定控制网的点位，然后用精确的测算方法(计算机AutoCAD制图精算)，得到各定点的实际坐标值，与设计院提供的(或建设单位提供的控制点各点的坐标)坐标值相比，最后对初步测定的点位进行归化改正。并如实记录测量修正后的误差情况，完成并上报监理、建设单位确认后，加以妥善保护。

(6) 检测的桩位保护。本工程因桩基础工程施工时，场地破坏严重，桩位保护较为困难。决定采用混凝土柱保护，浇筑500mm×500mm×1 500mm的混凝土桩，桩顶面复以300mm×300mm×3mm钢板，钢板上镶钻1mm小孔镀铜做标志，并加盖井盖。

控制网布设完成后，要提交主管部门的质量员、监理、建设单位验收，验收合格并经监理签字认可后方可投入使用。平面控制的检验资料应妥善保存，需作为竣工验收资料。

2) 高程控制网的测设

(1) 高程控制布网原则。可描述如下。

① 保证建筑物竖向施工的精度要求，在场区内建立高程控制网，以此作为保证施工竖向精度的首要条件。

② 根据建设单位提供的高程点BM3(19.138m)布设施工现场场区内的半永久性的高程控制网。

③ 为保证建筑物竖向施工的精度要求，在施工现场周边围墙以内离基坑壁较远的地方埋设高程控制网点。以满足施工测量的需要，场区内水准点埋设好后先用精密水准仪进

行复测检查。从 BM8～BM11 采用双面尺法测设一条闭合水准路线，在确定观测结果无误后，对高差闭合差进行调差，并计算出 N4 绝对标高。上报监理、建设单位进行复测，监理及建设单位复测符合要求确认后，对场区其他半永久性水准点进行联测，以此作为保证竖向施工精度控制的首要条件，这些点位也可作为以后沉降观测的基准点。

（2）高程控制网的等级及技术要求。可描述如下。

① 高程控制网的精度，不低于三等水准的精度。

② 半永久性水准点位于永久建筑以外，一律按测量规程规定的要求引测半永久水准点的标高。

③ 半永久性水准点桩的埋设必须牢固，并妥善加以保护。

④ 引测的水准点，需经监理、建设单位复测符合要求后方可投入使用。

⑤ 高程控制网技术要求。

高程控制网拟按三等闭合水准测量测设，水准测量技术要求见表 A－8。

表 A－8 三等闭合水准测量技术要求

等级	高差中误差/(mm/km)	路线长度/km	仪器型号	联测次数	闭合差/mm
三等	±6	≤50	DSZ2	环线	±12

（3）水准点的埋设及观测技术要求。可叙述如下。

① 水准点的埋设水准点选取在土质坚硬，便于长期保存和使用方便的地方。墙水准点应选设在稳定的建筑物上，点位应便于寻找、保存和引测。

② 水准观测的技术要求见表 A－9。

表 A－9 水准观测的技术要求

等级	水准仪型号	前后长度/m	前后视距较差/m	前后视距累积差/m	视线离地面最低高度/m	基铺分划读数差/mm	基铺分划所测高差之差
三级	DS_3	≤75	≤2	≤5	0.3	2.0	3.0

③ 场内半永久性水准点的观测方法。可根据建设单位、监理单位确认场内的半永久性 BM1 水准点标高，中转多站进行往返引测其他半永久性的水准点标高，并对所测的各点水准点标高的数据进行逐个计算，上报建设单位、监理单位确认无误后方可使用。

（4）场内半永久性水准点的桩位保护。同平面控制桩一样，原始水准点必须妥善加以保护，并在雨季前后各定测复核一次，同时要求在地下室土方开挖后经常不定期的进行检查复核，确保场内各半永久性的水准点的标高准确无误。

3）施工测量控制

（1）根据该房地产开发有限公司提供的 B_1、B_2 控制点和水准点 B_3（建设单位提供的书面资料）资料，并按照本工程设计图纸主轴线的坐标点对 D 楼、E 楼、F 楼工程场内各定位控制点进行复测。

（2）基坑围护施工测量放样。根据有关资料并利用基坑围护设计图纸和相应的工程技术联系单，采用极坐标法和角度前方交汇法对基坑开挖及放坡的平面位置进行测量放样，由于本工程的测量线路长，现场转角较多，平面位置测量控制比较困难，该部位围护桩施工放样，本项目部拟采用角度前方交汇的方法进行各主要控制点的测量放样，以确保围护桩的施工测量精度。

(3) ±0.000 以下基础施工测量。其基本内容如下。

① 地下室基础施工平面轴线投测方法。具体可描述如下。

a. 在垫层上进行基础定位放线前，以建筑物平面控制线为准，校测各主控轴线桩无误后，用经纬仪以正倒镜或直角法投测各主控轴线，投测允许误差为±2mm。

b. 将 DJ2 经纬仪架设在基坑边上的轴线控制点保护桩的桩位上，经对中整平后，将经纬仪视准轴对准在同一轴线(建筑物轴线)上远处围墙上或龙门桩上的轴线标志点，将所需的轴线投测到地下室基础垫层面上，采用同样的方法将基础施工所需纵、横主控轴线一一投测到基础垫层上面，并作好相应的标记(每幢楼层基础施工投测的纵、横轴线均不得少于两条)，以此作为基础施工时主控制轴线角度、间距的校核依据。主控制轴线经校核无误后，方可投测出其他基础施工所需的相应设计轴线或细部线。

c. 垫层上建筑物轮廓轴线投测闭合，经校测合格后，用墨线详细弹出各细部轴线，用红油漆以三角形式标注清楚。

d. 轴线允许偏差为：$L \leqslant 30$m，允许偏差±5mm；30mm$<L\leqslant$60m，允许偏差±10mm；60mm$<L\leqslant$90mm，允许偏差±15mm；10mm$<L$，允许偏差±20mm。

轴线的对角线尺寸允许误差为边长误差的 2 倍，外廓轴线的夹角的允许误差为 $1'$。

② ±0.000 以下高程测量控制。具体可描述如下。

a. 高程控制点的测量。在向基坑内引测标高时，首先测量场内各半永久性的高程控制点，以判断场区内水准点是否被碰动，经测量确认无误后，方可利用坑外半永久性观测点的标高向基坑内引测所需的测量控制标高。

b. ±0.000 以下标高的传递。施工时用钢尺配合水准仪将标高传递到基坑内相对稳定牢固的物体上(或塔吊承台基础上面)，报请监理检查验收符合要求后，以此标高，作为基础施工时的标高控制依据。在基坑内临时水准点的位置处标明绝对高程和相对标高，方便施工中使用。基准点应标在便于使用和保存的位置，其位置也可根据现场的实际情况确定。

c. 标高校测与精度要求。每次引测标高需要除作闭合差的检查外，当同一层结构需分几次引测标高时，还应该联测校核，测量偏差不应超过±3mm。

d. 地下室土方开挖测量方法。可描述如下。

- 地下室基坑土方开挖。从 A 向 n 轴开挖，即从南往北依次推进，开挖退土。土方开挖平面控制：测量人员根据基坑放坡的坡度和开挖深度，计算第一次土方开挖以上的基坑坡壁的水平宽度。同时测量人员确定基坑坡壁的顶壁和坡脚的位置，地下室设计标高以上的土方拟分 3 次开挖：即第一次开挖至标高－2.000m 以上的土方；第二次开挖至－4.000m以上的土方；第三次开挖至－6.000m 处的土方。可利用两架水准仪和钢卷尺同时测量，随时测控土方开挖的标高。
- 当基坑土方开挖到设计标高的位置时，在基坑边的纵轴 3 轴、6 轴、12 轴、16 轴、22 轴的位置分别架设经纬仪，向基坑投测该主控轴线，在各主控轴线方向上打设方木桩并用小铁钉在方木顶上准确确定该轴线在基坑内的位置，确定控制点，并用小白线拉通。在基坑边架设经纬仪，将横轴 G 轴、C 轴、U 轴、F 轴、B 轴准确投测至基坑内，以同样方法确定横轴主控制线，在实际施工过程中，各主要控制轴线随挖土进度依次准确放出电梯井位置、集水坑、消防水池等开挖边线和开挖深度。

(4) 桩基的定位测量(略)。

(5) ±0.000 以上主体结构施工测量。其具体方法如下。

① 建筑轴线测量和垂直度控制。其步骤如下。

a. 本工程的轴线定位和垂直度控制采用内、外控制相结合的方法。

b. ±0.000 以上采用内控法进行施工测量放样，采用外控法复核检验。各号楼层施工根据设计图纸及本工程的特点，通过轴线控制网，在各幢楼层的梁板上离轴线 500mm 的位置处设置主轴线交点的控制点，控制点采用 250mm×5mm 的圆形钢板预埋在梁板控制点的相应位置上。在预埋钢板处的楼层混凝土强度符合设计要求后，再用精密测量仪器将主要轴线交点处的控制点准确的测设在钢板上，在钢板上划上“十”字线并用小型电钻将“十”交叉点(即主控轴线的交点)刻出来，在施工期间必须加以妥善保护，避免钢筋及其他重物冲撞预埋钢板。在埋设各控制点位置的钢板时和在混凝土浇筑过程中要反复校对钢板的预埋位置是否位于主控轴线的交点位置，与测设时的长度和前后校核比较，其误差分别不超过±2mm，并做好测量成果记录。以后各结构层施工模板安装时都应在相应位置处准确预孔 200mm×200mm 的方孔。

c. 孔洞设置的原则。应避开柱、墙、梁，并且在各控制点之间不被墙、柱预留筋挡住视线。

d. 轴线控制点的垂直引测。本工程由于层数较多，故采用激光垂准仪向上引测，要求投测精度为±3mm/次。以每层校核一次。利用重铅垂复测，具体过程为：架设激光测垂仪于控制点上，经对中整平后，打出激光向上投射至施工楼层测量孔上覆盖的光靶，360°旋转投射后，可分 90°投射一次，调整精度使投射点在小于 10mm 的圈内至最小，然后确定 4 点的中心即为该楼层的控制点。然后利用 DJ2 经纬仪和长钢尺引测出该楼层的各轴线。

e. 轴线控制点引测至施工楼面后，应经过校核后方可使用，可与下一层轴线对比，在楼层结构复杂处可利用外控法，校核轴线。

f. 大角倾斜度控制。在楼层放样时大角外墙处弹轴线竖直控制线，层层向上引测，并与内控轴线对比以控制误差。可用经纬仪进行大角复核，垂直度允许偏差为≤20mm。

② 高程的测量和层高控制。±0.000 以上施工时，将半久性水准点的高程通过往返水准测量的方法引测到钢板控制点上，然后用长钢尺向上铅直引测。每层标高到位后用水准仪引向柱钢筋，用红胶带或红油漆做标志。标高以高出楼面结构标高 500mm 为宜。便于统一及各班组协调施工。

③ 每层拆模后，即用水准仪将高程引测至楼层上，标高以高出该楼层建筑标高 1 000mm 为宜。将轴线引测至墙、柱上，在楼地面上确定墙体和洞口的位置，并用墨线弹出，以利于砌体施工及构件安装。

④ 砌体落脚时将标高引测至落脚砖上，控制整体高度及水平度，待砌体完成后，粗装修前将标高引至墙上，为安装、吊顶、楼地面施工提供依据。

⑤ 总高度控制。因为每次量测施工层标高都从地下室顶板控制点拉长钢尺，所以不存在累计误差，主要是钢尺拉伸误差及变形误差，因而在楼层施工至总高度一半和结束

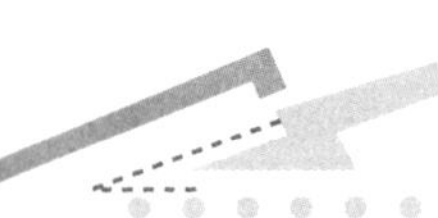

时，各复核一次。全高允许偏差为≤15mm。

(6) 沉降观测及变形测量。其主要步骤如下。

① 根据设计要求对沉降观测点的布置进行埋设。要求埋设在建筑物的角点、中点及沿周边每隔12m左右处。沉降观测点埋设得必须稳固，不影响建筑物的美观和使用，并采取相应的保护措施。

② 沉降观测要求。第一次沉降观测在埋设完成后进行，以后每一层施工完毕后观测一次，直至主体结顶后，每个月测一次，交工前进行最后一次观测，并移交给建设单位管理。

③ 沉降观测采用精密水准仪，等视距测量，高程中误差为±1.00mm，相邻点高程中误差为±1.00mm，闭合差为≤1.4mm。每次观测时，做好记录，最后整理统计，并绘出沉降变形曲线图，报监理检查复核(可请监理或建设单位同步进行沉降观测)。

④ 第一次沉降观测。需通知监理单位及建设方参加。

(7) 测量资料整理。其主要内容如下。

① 定位放线记录。

② 轴线标高复核记录(每一层都要记录)。

③ 沉降观测质量记录，主要包括以下内容。

a. 水准测量原始记录表。

b. 沉降观测成果表。

c. 沉降观测点位置图，沉降观测线路图。

d. 沉降、位移荷载曲线图。

e. 变形分析报告。

④ 建筑物大角垂直度偏差记录。

【案例2～3分析】

1. 分析测量工作项目

工程测量就是施工中的一把标准尺，测量把标准轴线、标高测设到哪里施工进度就施工到哪里，质量标准就控制在哪里，它贯穿于施工的全过程，在整个建筑工程建设过程中起着决定性的作用。下面对测量工作项目进行分析。

1) 施工前的测量准备工作

(1) 熟悉图纸。设计图纸是施工测量的主要依据，与施工放样有关的图纸主要有建筑总平面图、建筑平面图、基础平面图和基础剖面图。

① 从建筑总平面图上可以查明拟建建筑物与原有建筑物的平面位置和高程的关系，它是测设建筑物总体定位的依据。

② 从建筑平面图上查明建筑物的总尺寸和内部各定位轴线间的尺寸关系。

③ 从基础平面图上可以查明基础边线与定位轴线的关系尺寸，以及基础布置与基础剖面的位置关系。

④ 从基础剖面图上可以查明基础立面尺寸、设计标高，以及基础边线与定位轴线的尺寸关系。

(2) 现场踏勘。现场踏勘的目的是了解现场的地物、地貌和原有测量控制点的分布情况，并调查与施工测量有关的问题。对建筑场地上的平面控制点、水准点要进行检核，获得正确的测量起始数据和点位。

(3) 确定测设方案。首先了解设计要求和施工进度计划，然后结合现场地形和控制网布置情况，确定测设方案，其中包括测设方法、测设数据计算和检核、测设误差分析和调整、绘制测设略图等。

(4) 技术交底。对参加测量的人员进行分工和测量技术交底，并将所用仪器送至省或市指定测量仪器检验部门进行检验与校正，取得检验报告，以备作开工检验报告时使用。

2) 建筑物定位放线

(1) 建筑物的定位。其具体方法如下。

① 根据市测绘规划部门提供的定位桩、红线桩和水准点，按照所计算的建筑物主轴线坐标点进行轴线定位。

② 以高新水准点为基准点，以施工坐标为测设点，用 GPS 定位测设点。然后用直角坐标法建立场区控制网。

(2) 建筑物轴线控制桩的布设。其方法如下。

① 导线法布设轴线控制桩。

② 矩形方格网法布设轴线控制桩。

③ 建筑基线法布设轴线控制桩。

3) 现场施工水准点的建立

根据设计单位提供的水准点、红线桩和定位桩进行高程控制点的引测或是联测；如用 GPS 即可达到控制点的引测和联测，精度为±2m。

现场利用高程控制点进行附合和闭合测法在场区内布设点的水准路线，这些水准点作为结构施工高程传递的依据。

4) ±0.000 以下施工测量

(1) 在向基坑内引测标高时，首先联测高程控制网点，以判断场区内水准点是否被碰动，经联测确认无误后，方可向基坑内引测所需的标高。

(2) 利用水准测量的方法测出传递高程超出 0.5m 或 1.0m 的水平桩，以控制±0.000 以下结构施工中的标高。

5) ±0.000 以上施工测量

(1) 以轴线控制网利用水准测量的方法测出±0.000 以上结构施工中超出 0.5m 或 1.0m 的水平线。

(2) 以 0.5m 或 1.0m 水平线用钢尺向上传递各楼层高程控制网。

6) 建筑物的沉降观测

(1) 建立水准点。

(2) 建立观测点。

2. 明确角度测量具体任务

根据对测量工作项目的进一步分析，得到水准测量的具体工作任务。

(1) 在测量工作实施前，对图纸给出的尺寸位置要仔细审查核对，提交测量实施方案，送交仪器检验与校正，取得检验报告。

(2) 建立现场施工水准点。实地踏勘，引测控制点，建立现场控制网。

(3) ±0.000以下结构施工中的标高控制。通过控制点联测，采用高程传递的方法，向基坑内引测设计0.5m标高。

(4) ±0.000以上各楼层高程控制测量。包括以下两部分内容。

① 通过首层标高基准点联测，采用测设已知高程的方法，抄测两个楼体(主楼和裙房)标高控制点。作为地上部分高程传递的依据，避免两楼结构的不均匀沉降造成对标高的影响。

② 采用高程传递的方法，对楼层进行高程传递。确定各楼层的标高基准点，并满足误差要求。

(5) 轴线传递。基础结构施工到达地圈梁或接近±0.000时，安置经纬仪于控制桩上，将轴线投测到基础墙的外侧和内控制点上，以便各楼层轴线的传递。

(6) 建筑物的沉降观测。在建筑物施工、使用阶段，使用水准仪，采用水准测量的方法，观测建筑物沉降观测点与水准点之间的高差变化情况。

3. 剖析工程中所应用的角度测量知识

要完成建筑工程建设过程中的测量工作任务，学生应具备相应的职业能力与专业知识。工程中角度测量工作任务内容多、责任重，需要学生重点理解和掌握。通过上述分析，总结角度测量相关知识点如下。

(1) 熟练掌握经纬仪的种类、类型、组成构造及使用方法。

(2) 掌握经纬仪的检验方法，了解校正方法。

(3) 熟练掌握利用经纬仪进行角度测量的方法。

(4) 熟练掌握水平角、竖直角、垂直度的各种施测方法。

(5) 重点掌握DJ2、全站仪、GPS在施工中的操作使用方法和作用。

(6) 重点掌握导线测量、施工放线的实测方法。

知识点巩固习题

1. 建筑施工放线、轴线传递、垂直度观测所使用到的仪器有____。

2. 控制网的布设要求______________________________。

3. 轴线投测要求______________________________。

4. 基础结构施工到达________或接近________时，安置经纬仪于控制桩上将投测到________和________上以便各楼层轴线的传递。

5. 轴线竖向投测精度不低于________。平面放线量距精度不低于________，标高传递精度主楼和裙房分别不超过________、±10mm。

6. 内控法误差圆取圆心的方法确定投测点时，每个点的投测应将仪器分别旋转________、________、________、________投测4个点，这4个点形成的误差圆取其圆心作为投测点。

案例 4 广州某体育馆主场馆测量方案

1. 工程概况

广州某体育馆是一座综合性多功能的体育设施，是广州市 1999 年的重点建设工程项目之一。建筑方案采用法国 ADP 公司的初步设计，广州市设计院进行施工图的设计。整个体育馆的外形由圆滑流畅的圆弧曲线正反相切连接而成。主场馆位于整个体育馆中间，长 160m，宽 109.7m，平均深约 10m，主要包括两大部分：主场馆约 36 878m^2、技术通道约 2 886m^2，建筑总面积约 40 000m^2，空间造型复杂，施工测量放样精度要求高。场馆的长轴 2/00/00，轴长 191.5m，设定两个端点分别为 C(x=35 063.758 4，y=38 819.961 9)和 D(x=35 245.174 1，y=38 758.650 3)。建筑物的平面外圈为互相相切的 3 个正圆弧和 2 个非对称反圆弧相接而成，3 个半径为 122.8m、119.1m、31.55m 的对称正圆弧。该工程为环形地下室结构，在边缘是辐射状钢筋混凝土剪力墙壁骨，中央部分为一个大跨度的钢-混凝土结构楼面，屋盖是辐射形半透明对称锥形网架结构。

2. 轴线特点和测量难点

1）轴线特点

整个主场馆的控制轴线主要是由东西两侧 39 根角度差约为 3.34°的辐射轴线，以及半径为 85.68～122.8m 的 6 条圆弧形轴线相交控制的。这些圆弧轴线的圆心、椭圆中心控制点达 12 个之多，并且圆心位置不重叠，半径大小不一，多点控制。与训练馆的连接通道为非对称反圆弧线。总体来看，整个场馆结构由辐射轴线和圆弧轴线控制，轴线平面像一只大眼睛。比起传统的四方建筑物，轴线错综复杂，精确要求高，复核困难，极具特色，是一座多圆心不规则的橄核状建筑物。

2）测量难点

（1）自然条件的影响。体育馆位于白云山西边迎风坡，白云机场的东面，场地空旷，风力较强，很容易受日照、风力等不利因素的影响，增加了测量的难度。

（2）地形条件的影响。体育馆位于白云山山脚边，整个场地呈东高西低，户外的主要控制点又分布于东西两侧，存在地势高差，而且结构部分起伏跌宕，为丈量工作增加不少难度。

（3）施工条件的影响。该工程投标造价低，为了降低成本，三层的地下室采用分区流水施工的方法，只采用了一层的模板量，因而各区的施工流水周期短、节奏快，施工区段快慢不一，呈现两端快，中间慢，东边快，西边慢的状况。同一结构层中分区段多次测量放样，通视条件受到很大的影响。

体育馆以多层的正反圆弧相切连接而成，圆滑、流畅的正反圆弧是其独有的特点。加上主场馆位于整个体育馆的南端，北段、西段分别与训练馆和能源中心相连接，交接的圆弧曲线特多，轴线控制要求高，轴线稍有偏移，会造成结构连接不流畅、起折，影响外部的整体效果。

3. 施工测量控制方法

由于该工程空间造型复杂，轴线互相不平行，并且成环状闭合，轴线点不允许有过大的累积误差，轴线点位要符合施工验收规范的5mm内，否则环形闭合就会超限，关系到整个场馆的连接和钢结构安装的成败。

1）仪器选用

测量仪器选用DTM－310型全站仪，最大测程为4.4km，距离测量精度为±(2mm＋2ppm)；测角精度为2″。经纬仪选用SOKKIA DT5电子经纬仪，测角值读至5″。

2）控制网的布设

为了使用方便，保证施工过程中控制点不易被破坏掉，选择了内控法和外控法相结合的方法建立首级控制网，主控点布置在主场馆内部长轴1/00上的两个端点$C(x=35\ 063.758\ 4$，$y=38\ 819.961\ 9)$点、$D(x=35\ 245.174\ 1$，$y=38\ 758.650\ 3)$点和外部两个半径为114.8m正圆的圆心点$A(x=35\ 137.401\ 5$，$y=38\ 731.792\ 6)$点与$B(x=35\ 175.790\ 5$，$y=38\ 845.380\ 8)$点，短轴为$1/21/E$～$1/21/W$轴，4个主控点建成的一个互相垂直的“十”字形轴线控制网，形成一个相对的直角坐标系统。这4个主控点按四等导线2″级仪器、6个测回数、半测回归零差8″，同一方向值各测回较差9″，进行导线复测，精度符合要求后，采用全站仪坐标测量法，测放出各圆心点、椭圆中心点等多个次级控制点进行轴线控制。

3）相对直角坐标系测量法

主场馆的主轴线主要是以主场馆长轴1/00轴为纵向对称轴，$1/21/E$～$1/21/W$轴为横向对称轴，形成一个相对直角坐标系统。

以往方形建筑物通常选择轴线平移借线的方法，在建筑物每层4个角位上选择通视条件好的4点作控制，建立直角坐标系统。4点连线作为建筑物外边和内部的轴线的借线，进行轴线控制。而主场馆工程施工中，由于结构圆弧造型以及模板的投入，施工的先后顺序和中间为空层的钢-混凝土结构楼面等因素，加上结构起伏跌宕，形成断层、间层和跳层，因此控制点不能同一时间布设在同一层上，对测量的整体控制增加不少难度。另外，由于辐射轴线控制的剪力墙和圆弧轴线控制的弧形剪力墙阻挡视线的影响，采用外部控制点测量放样，通视条件受到很大影响。最终主场馆的辐射轴线和圆弧轴线采用了全站仪相对坐标系测量法和极坐标法相结合的联合测量方法来控制。根据施工的进展，为使测量控制点尽可能地接近施工区，根据工程的实际施工情况，在设置相对直角坐标系时，布置了一定数量的次级控制点，使控制点能依次传递上各层。

4）坐标系统

以平行于训练馆的长轴 1/00 轴作为相对坐标系的横坐标轴E，平行于$1/21/E$～$1/21/W$轴为竖向坐标轴N，两条正交轴线的交点位于整个场馆的中心点M。通常将整个建筑物设置在相对坐标系的第一象限，使建筑物轴线上的特征点均为正值，所以设定M点其坐标为$N=200.000$；$E=200.000$，在$1/21/E$～$1/21/W$轴上设定两个次级控制点，相对坐标分别为$A'(235.000,\ 200.000)$、$B'(165.000,\ 200.000)$，两个转点测站的设定可以避开辐射剪力墙和圆弧剪力墙的遮挡影响。

根据图纸提供的每根辐射轴线夹角的相对关系和圆弧轴线的圆心控制点的相对坐标，计算出每根辐射轴线和圆弧轴线相交的特征点的相对坐标，在转点测站A'和B'分别架设全站仪，后视圆心点B和A，采用极坐标测量法测放出每根轴线上的两个特征点，并用相对坐标值进行复核。利用此特征点，进行每根辐射轴线控制和圆弧轴线半径起点$1/A$和终点$1/E$的控制。少部分通视不到的放样部位，可通过相对坐标系再转点，进行测量。通过采用此坐标系的相对坐标定位，既可消除测量通视条件的影响，又可明了直观地确定放样点的相对偏移位置，避免了绝对坐标系中方位错觉的特点，提高了测量放样的效率。

(1) 弧形轴线的弧长拱高等分法。主场馆中绝大部分的圆弧轴线半径都很大，从85.68～122.8m不等。由于半径大，采用画弧法不可行，如采用弦长拱高等分法，既可复核辐射轴线的夹角，又可复核弧形轴线的半径，可加快弧形轴线的放样速度。例如通过相对直角坐标系测量法测放的相邻两根辐射轴线和圆弧轴线相交的特征点，可通过弦长拱高等分法放出弧形轴线。假如弧形轴线的半径为85.68m，则通过两个辐射轴线和弧形轴线$R=85.68\text{m}$相交特征点间的弦长$L_0=5\ 000\text{mm}$，可复核辐射轴线的夹角和圆弧半径，采用弧形轴线弦长拱高等分法，只需知道圆弧的半径R，就可将圆弧上任意两点连成弧线，弧线AB的弦长L_0，拱高为h_0，半径为R，则弦$\overline{AB}$两点的垂距即拱高$h_0=R-\sqrt{R_2-(L_0/2)^2}$，可标定$AB$弧的中点$C$点，按圆的微积分原理，继续将弧$AC$和弧$CB$进行逐次细分加密，最后让拱高控制为1～2mm，以短直线连接各等分点，就可得到平滑曲线，定出弧形轴线，如图A.14所示。

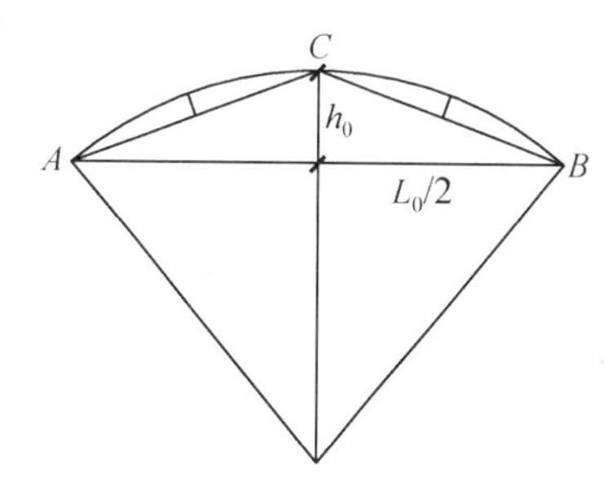

图A.14 弧形轴线的弧长拱高

(2) 内凹圆弧一点偏角法测量。非对称内凹圆弧是一种较难放样的凹形曲线。通常曲线的测量，放样采用对称凸向测量，一来可提高测量精度，二来可减少测量的计算量。然而主场馆中与训练馆相交接处是由凹弧形曲线相切而成。由于其中两圆弧的半径很大，达到84.3m和34.1m，远离基坑边线，不可能布设控制点和照准其圆心位置，而且对于已有控制点非对称。根据三角几何的角边关系，运用一点偏角法进行放样测量可在任意控制点上放出凹弧形轴线。根据设计坐标值定出圆弧圆心点O与主轴1/00轴方向角关系，由于圆心点离基坑很远，或远离场地以外，或被建筑物本身遮挡，待全站仪架设好后，一般很难后视到圆心点O；因此O点只不过是理论点位。因而在实际测量放样中，通常先计算出圆心点O与测站C点或D点和主场馆长轴1/00轴的夹角关系γ，然后视1/00轴作为基准线，设定内夹角γ，确定后再将水平角拨回0°0′0″，就可定出圆心O的理论虚方位。根据余弦定理和正弦定理的三角关系确定弧线的精确位置M(图A.15)。

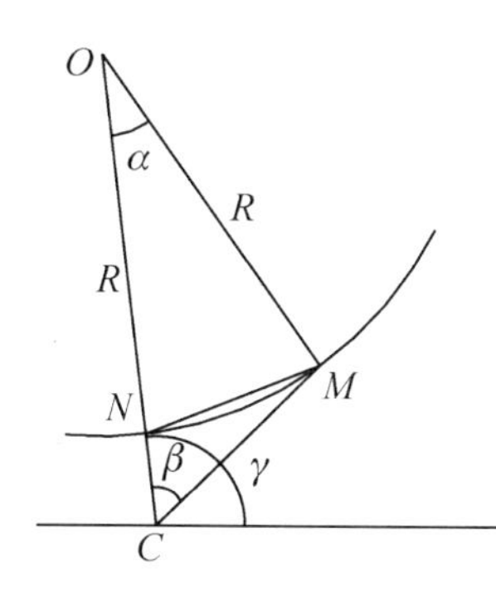

图A.15 内凹圆弧的测量

余弦定理

$$\overline{CM}=\sqrt{R\times R+\overline{OC}\times\overline{OC}-2R\times\overline{OC}\times\cos\alpha}$$

正弦定理

$$\beta=\arcsin\left(R\times\frac{R\times\sin\alpha}{\overline{CM}}\right)$$

式中：R——圆弧轴线的曲率半径，由设计图纸提供；$\overline{OC}$——测站点C到理论圆心点O之间连线距离，可通过设计坐标值计算出；α——待测放样点M和圆心连线与理论方位的夹角，该角可通过自定义圆弧的长度计算出$\alpha=MN\times180°/(R\times\pi)$；$\beta$——偏角；$\overline{CM}$——偏角距。

根据以上关系式，通过计算机，可将公式输入到Microsoft Excel表格中，进行电算，只要输入测站到圆心距离$\overline{OC}$，圆弧半径R，待求弧线MN的间隔，通过电算法，可很快输出偏角和偏角距，通过调整圆弧的每段间隔距离，就可以随意加密弧线的特征点。

4. 施工注意事项

(1) 由于本工程的施工测量精度要求较高，特别是屋面钢结构的埋件轴线点位偏差在5mm内，在场地如此大、环境如此复杂的施工现场内进行测量，要把轴线控制在设计要求的范围内，非一般的仪器能达到，因此选择先进的测量仪器——全站仪和选用科学合理的测量方案，并严格按施工测量规范进行施测很关键。

(2) 开工前要深思熟虑，选定科学合理的测量方案，将会有事半功倍的效果，否则待全面施工后，大量的施工机械、施工运输车辆、材料堆放、脚手架或竖向钢筋等将严重影响测量的视线，严重时将会造成测量错误，导致精度超限。

(3) 对于工程空间造型复杂，轴线互不平行，但整体呈对称分布的建筑物，如采用相对坐标系方法进行轴线的测量和复核，可大量减少绝对坐标计算量，能更明了快捷、准确地进行轴线特征点的测量放样。

(4) 施测人员在投测时，必须对控制点和放样点经常复核，要注意对偏差及时进行检查纠正，以取得更好的测量效果。测量过程中要因地制宜，对于不同精度要求的部位，采用不同的施测放样方法，以符合客观实际要求，做到既可靠，又可行。

5. 水平标高测量

主场馆没有设±0.000标高，直接取用广州市高程系统。现场水准测量基准点高程为+22.829m。

主场馆长轴方向近200m，短轴方向也有近130m，超出了水准仪的准确测量距离。而钢筋混凝土框架标高控制精度要求高，由于主场馆面积大，不宜根据一个基准点对全个场馆进行水准测量。现场按设计伸缩缝的位置在场馆内适当位置定了4个高程控制点，以方便局部施测。设定的高程控制点经过闭合测回，尽量减少因施工造成的误差。

6. 施工抄平放线基本要求

根据施工设计图纸，按照设计要求，将建(构)筑物的平面尺寸、标高、位置、测放到建(构)筑物的土地上或建(构)筑物相对应的位置，为施工提供各种放线标志作为按图施工的依据。

1) 建立施工控制图

(1) 根据施工总平面图上拟建的建(构)筑物的坐标位置、基线、基点的相关数据，城市水准点或设计图纸上指定的相对标高参照点，用经纬仪、水准仪、钢尺进行网点的测设。

(2) 施工控制网的测量。应制定施工控制网的测放方案，测量应遵循先整体后局部的工作程序进行。

(3) 施工控制网点的布设和网点布设间距应满足各建(构)筑物施工定位放线和技术监督的要求，并与总平面图相配合，以便在施工过程中保持有足够数量的控制网点，为施工提供定位测设及技术复核的标志。

(4) 建筑群小区规划建筑，应先在整个建筑场地内建立统一的控制网，作为建筑群内各建(构)筑物的定位、放线的依据。

(5) 各建(构)筑物的施工定位及施工控制网点的布设。应根据施工控制网进行定位测设。

(6) 施工控制网点的测量。应进行闭合误差校核，误差值在 1/5 000 内，可按比例修正，超出允许误差值时，应复测。

(7) 使用经纬仪测设施工控制网点网时，测量应不少于一个测回(往返测为一个测回)。

(8) 建立施工平面控制网使用钢尺量度时，应将钢尺两端尽可能保持在同一水平高度后方可进行尺量。

(9) 统一的施工控制网点、水准点及建(构)筑物的主轴线等控制点标志，应设置牢固、稳定、不下沉、不变位，并用混凝土包护，重点的标志和环境保护需要，可加设护栏围护。

2) 高程控制

(1) 根据总平面图上所示的国家水准点标志或勘测设计图纸上指定的水准点相对标高参照点，用水准仪准确地引测到施工现场附近便于监控的相应位置上，用于监控的水准点位置，应牢固稳定，不下沉，不变形。

(2) 高程的引测。应进行往返一个测回，其闭合误差值不得大于Ⅱ等的值(n 为引测站数)闭合误差值在允许值范围内，可按水平距离比例相应修正。

3) 建(构)筑物轴线的定位及标定

(1) 根据总平面图或四置平面图所标示的方位、朝向定出基点，用经纬仪测量定位，用钢尺丈量平面及开间尺寸。

测量由主轴线交点处开始，测量(丈量)各轴线，最后将经纬仪移到对角点进行校核闭合无误，总体尺寸及开间尺寸复核准确，方可把轴线延伸到建筑物外的轴线桩，龙门架及邻近建(构)筑物上。

(2) 分画轴线开间尺寸。应用总长度尺寸进行复核，尽量减少分画尺寸积累误差。

(3) 延伸轴线标志的轴线桩。龙门架应设在距离开挖基坑上坡边 1～1.5m 以外，轴线标志应标画出各纵横轴线代号。

(4) 延伸轴线标志标画的轴线桩，龙门架及建(构)筑物应牢固、稳定、可靠和便于监控。

4) 施工抄平放线

(1) 基础施工抄平放线。其内容如下。

① 桩基础的建(构)筑物根据桩平面图。按建(构)筑物的轴线定位定出相应轴线的桩位中心标志，经校核无误后，插上桩定位标志。

② 基础与桩基础。根据基础平面图及大样图，按建(构)筑物的轴线定位，连续相应的轴线，计算开挖放坡度(或采用坑壁支护开挖度)，定出开挖边线搁置。

③ 用水准仪把相应的标高引测到水平桩或轴线桩上，并画标高标记。

④ 基坑开挖完成后，基坑坑底开挖宽度应通线校核，坑底深度应经水平标高校核无误后，并把轴线和标高引移到基坑，在基坑中设置轴线，基础边线及高程标记。有垫层的应在垫层面上放出(弹墨线)墙或基础平面尺寸。

⑤ 基础模板完成后，应按设计图纸要求校核模板安装的几何尺寸，在模板周边放出基础面的标高线，并用钉子标示(在竖向钢筋上用红漆油标示)，墙、柱的轴线和边线标

记，应延长线引至基础边线外，方便施工复核。

⑥ 基础施工完成后，把轴线引测至基础面，并按施工图放出有关的墙和柱等截面尺寸线，有地梁、预留孔洞、管道、埋件等应按施工图纸在相应的位置上放出有关的标示(包括标高和截面等几何尺寸)。

⑦ 砖砌基础要按施工图纸放出实墙和放级外边线及相应的砖砌基础大样标示。

(2) 主体结构施工抄平放线。其内容如下。

① 结构平面的施工放线。根据已有控制网点的主轴线精确引测到各层楼面上，特别是地面层的引测必须复核无误后做标记。以后每完成一层楼面用垂球或经纬仪(铅垂仪)把地面层的控制线传递到上一层楼面(高层建筑可在楼面内的控制位置，设立若干个150mm×150mm的传递孔，以便在室内传递轴线)。再根据各层施工平面图放出相应的轴线及墙、柱、梁和各种洞口等的平面位置。

② 高程施工测量。各层墙、柱筋接驳安装完毕后把水准点结合每栋建(构)筑物各层相应的标高引测到竖向钢筋上，用红油漆标示，再按施工图在墙、柱筋上相应位置标上梁(板)及板面等的标高标记(包括楼板的跌级、斜水和预埋件等)。在拆除模板后把水准点标高精确引测到柱上并选择便于向上传递位置做好标记，作为向上传递的控制点，再根据施工图用钢尺量度传递到各层(要注意减少积累误差)。

③ 砌砖的施工抄平放线。先根据各层平面的轴线和各层建筑施工平面图，放出墙体的平面轴线、墙边线及门窗、洞口等位置(先安装门框后砌砖的应标记门的开启方向)。

a. 混合结构工程砌砖前，应在楼(地)面砖墙砌位置的转角(阴角)处的地面上引测水平标高标志，并标记实测标高数据，作为砌砖时水平标高的依据，转角处砖墙砌筑到适当高度后，再将地面上的水平标高引测到砖墙上，并用皮数杆标出窗台、窗顶、门顶、洞底、顶等标高、作为砌砖的依据。

b. 框架结构工程砌砖前，应将水平标高经测的混凝土墙、柱的一定高度位置上，与混凝土墙(柱)相连接的墙体相应位置应放出墙体的垂直边线，窗台、窗顶、门顶、洞底、顶等标高、作为砌砖的依据。

(3) 装饰施工抄平放线。其内容如下。

① 室内装饰。根据建筑施工图弹出相应的全部墨线，包括脚线、墙裙线、顶棚顶高程线、梁底水平线、装饰线及窗台、门窗顶、压顶、楼梯步级等的墨线，对厨房间的台阶、水灶基、橱柜、储物柜、阁楼等的墨线及有关跌级斜水等的控制线。

② 外墙装饰。要按图放出阳台(包括阳台压顶)、飘板(包括窗眉板)和凹凸线、花池、花架、晒衣架、门窗顶、窗台线、立边线、装饰线、外墙裙、栏河压顶线、女儿墙压顶线等的通光和平直及大小的控制线。

③ 凡镶贴各种规格的饰面材料应按块料的规格和设计要求的图案等放出分格、分色、跌级的布料墨线，以及收边、收口、斜水等控制线，楼地面包括厅房、走廊、阳台等应统一放线，力求饰面缝线纵横畅顺。

(4) 天面防水层、找平(坡)层等。应按图纸要求放控制线，并在其完成面上按图纸和规范要求，结合各种隔热层块料规格放出脊缝、顺水缝、伸缩缝、饰面层收口及分隔缝的控制线。

(5) 电梯间的指示灯槽及有关埋件应按图放出控制线标示。

(6) 特种构筑物和古建筑物、异形、园林等建筑应制定专题施工放线方案。

(7) 化粪池应按图纸要求放出定门线，并应注意出口、入口、盖板底隔板。

(8) 高程及容积的准确线。下水管道、沙井应按图纸要求放线定位，并应注意管底高程控制，敷设顺直。

5) 保证质量措施

(1) 电梯井每层必须有独立的“十字”墨线控制减少误差，且每完成一层结构随即在井内壁四边弹上垂直控制墨线。

(2) 标示混凝土厚度的“三角墨”应尖角朝上，以便浇捣混凝土中途寻找(或用铁钉、铁丝等标示)。

(3) 用于测量轴线的大钢尺除有 cmc 标志外，必须要计量检定合格，并应妥善保管，以达到整栋建筑物都使用同一把尺放线。

(4) 水准仪、经纬仪要按计量要求进行检定合格后才能投入施工使用，并要注意进行妥善保管和使用。

(5) 每次轴线测量都应由另一人进行复核。

【案例分析】

1. 分析测量工作项目

从以上的材料可知，测量工作在整个建筑工程建设过程中起着重要的作用。了解到测量工作的具体工作项目。下面对测量工作项目进行分析。

1) 施工前的测量准备工作

(1) 熟悉设计图纸，仔细校核各图纸之间的尺寸关系。测设前需要下列图纸：总平面图、建筑平面图、基础平面图等。

(2) 现场踏勘。全面了解现场情况，并对业主给定的现场平面控制点和高程控制点进行查看和必要的检核。

(3) 制定测设方案。根据设计要求、定位条件、现场地形和施工方案等因素，制定测设方案，包括测设方法、测设数据计算和检核、测设误差分析和调整、绘制测设略图等。

(4) 对参加测量的人员进行初步的分工并进行测量技术交底，并对所需使用的仪器进行重新检验。

2) 建筑物定位放线

(1) 建筑物的定位。

(2) 建筑物轴线控制桩的布设。

3) 现场施工水准点的建立

即根据指定控制点向施工现场内引测施工水准点(±0.000 的标高)。

4) ±0.000 以下施工测量

(1) 平面放样测量。

(2) ±0.000 以下结构施工中的标高控制。

5) ±0.000 以上施工测量

(1) ±0.000 以上各楼层的平面控制测量。

(2) ±0.000 以上各楼层高程控制测量。

6) 建筑物的沉降观测

略。

2. 明确距离丈量具体任务

根据对测量工作项目的进一步分析，得到距离丈量的具体工作任务。

(1) 在测量工作实施前，对所需使用的钢尺进行重新检验。

(2) 建立平面施工控制网。根据现有控制点的数量和分布，布设平面施工控制网，平面施工控制网可以布设成建筑基线、建筑方格格或导线网。

(3) 建筑物碎部点的测设。测设建筑物碎部点的方法有极坐标法、直角坐标法、距离交会法和角度交会法，实际经常使用的方法是极坐标法。

3. 剖析工程中所应用的距离丈量的知识

要完成建筑工程建设过程中的测量工作任务，学生应具备相应的职业能力与专业知识。工程中距离丈量工作任务多、责任重，需要学生重点理解和掌握。通过上述分析，总结距离丈量相关知识点如下。

(1) 熟练掌握钢尺的种类和使用方法。

(2) 掌握直线定线的方法。

(3) 重点掌握利用钢尺进行距离测量的方法。

知识点巩固习题

1. 根据钢尺零点位置的不同可以分为________和________。

2. 距离丈量的三差改正分别为________、________和________。

3. 当地面上两点间的距离大于钢尺的一个尺段或两点间的高差较大时，就需要在直线方向上标定若干个分段点，标定这些分段点的工作称为__________。

4. 直线定线的方法有________ 和________。

5. 标定距离丈量的精度采用________误差。

6. 圆曲线主点是________。

7. 已知圆曲线半径 $R=30$m，转角 $\alpha=60°$，整桩间距 $l_0=10$m，JD 里程 $=k_1+142.50$，试列表计算主点定位参数、主点里程参数及切线支距法、偏角法详细测设的点位参数。

8. 计算圆曲线的主点需要哪些已知参数？决定圆曲线主点的定位参数是什么？

9. 计算 T、L、E、D。

10. 简述用弦线法定圆曲线主点的方法。

11. 列举建筑工程测量施测所需的仪器设备。

案例 5　乌努格吐山铜钼矿区大比例尺数字测图

1. 工程概况

1) 测区概况

乌努格吐山铜钼矿位于内蒙古自治区满洲里市南西 22km，从满洲里市至矿区有 3 条草原路，四季畅通，交通十分方便。矿区范围约 27km^2，行政区划属新巴尔虎右旗。地理坐标：东经 117°14′～117°32′；北纬 49°22′～49°30′。本区为低山丘陵区，山势走向北东，一般标高为750m；最高约889m，最低约为702m。一般相对高差150m左右。山势平缓、地形开阔。北矿段山脊呈半环形，北东高，南西低，南西为半环形开口处，具有明显的构造剥蚀地貌特征，区内水系不发育，没有形成河流。矿区处于高纬度地带，属干旱型寒温带，冬季严寒；春季有暴风雪。据满洲里气象站1957—1982年的资料，年降水量平均为298.2mm，最大448.4mm，最小179.2mm，年蒸发量平均1 565.3mm，最大1 833mm。气温年平均为－1.2℃，2月份平均气温为－25℃，最低为－42℃；7月份平均气温为21℃，最高为37.9℃。绝对平均湿度5.4mm。冻土最大深度为3.89m。风向多为西南风，风速最大达40m/s。矿区地震烈度为6度。

矿区内没有林木，为草原牧区，近处居民点有甘井子、三队、敖尔金牧场三队，达石莫乡等，人口稀少，多为蒙古族。区域北满洲里市，扎赉诺尔区一带有煤矿、水泥厂、热电厂、白灰厂及食品加工厂等工业。区内粮食及蔬菜多依赖内地供给。

2）工程情况

（1）对矿区进行1∶2 000和1∶1 000大比例尺数字地形图。

（2）测图比例尺为1∶2 000，变化不大的丘陵地，碎部点间隔为50m。地形较陡时需适当加密。

（3）测图比例尺为1∶1 000，变化不大的丘陵地，碎部点间隔为30m。地形较陡时需适当加密。

（4）基本等高距为2m。

2. 测量准备工作

1）技术依据

本工程执行国家质量技术监督局2001年3月19日发布的《地质矿产勘查测量规范》（国家标准GB/T 18341—2001）；2001年3月5日发布的《全球定位系统GPS测量规范》（国家标准GB/T 18314—2001）；地形测量图式执行国家质量技术监督局1995年9月15日发布的《1∶500　1∶1000　1∶2000地形图图式》（国家标准GB/T 7929—1995）。

2）起算数据

在矿区范围内有国家已知点2个，其中国家一等点1个，点名大里图，国家三等点1个，点名哥里奇老。其标石保存完好可直接利用。

高程拟合起算数据，利用四等联测水准点4个，分别为大里图、V8、V9、V14。

3）已知数据利用情况

测区内已有大量的已知点，其主要是由黑龙江省有色金属地质勘察706队于1982年至2006年，间断在本矿区内进行施测的。矿区附近有国家Ⅰ等三角点1个，Ⅲ等三角点1个，5秒三角点15个，2006年春在补充探矿过程中，施测了22个GPS二级点。本工程利用了上述部分点作为地形测量图根点，利用点有V—4、V—25、V—3、V—18、V—23、V—13、V—24、V—26、V—17、V—31、V—16、V—27、V—28、V—34、V—19、V—20、V—21、V—33、V—30、V—29、V—32、V—22。并对其进行了检验，其精度优于10导线点的精度。各组在此基础上又利用全站仪加密了多个图根控制点。

4）坐标系统选择

平面坐标系统：采用北京54坐标系3°带坐标，投影带中央子午线经度为117°。

高程基准：1956年黄海高程系。

5）人员分配及仪器配备

(1) 人员。一组 4 人，共 3 组。

(2) 仪器设备。拓扑康全站仪 3 台，测角精度 2 秒，测距精度 $2+2\times10^{-6}$，棱镜 6 个，钢尺 3 把，对讲机 9 部，南方 CASS 5.1 软件。

(3) 全站仪检验。内容如下。

① 照准部水准器的检验。

② 圆水准器的检验。

③ 十字丝位置的检验。

④ 视准轴的检验。

⑤ 光学对点器的检验。

⑥ 测距轴与视准轴同轴的检验。

⑦ 距离加常数的测定。

3. 控制网的建立及测量

(1) 图根控制网的建立。图根点的密度取决于测图比例尺、地形的难易程度或隐蔽的复杂程度及通视条件。就常规成图方法而言，一般平坦而开阔地区平均每平方千米图根点的密度对于 1∶2 000 比例尺测图应不少于 15 个，1∶1 000 比例尺测图应不少于 50 个。数字测图方法每平方千米图根点的密度，对于 1∶2 000 比例尺测图不少于 4 个，对于 1∶1 000比例尺测图不少于 16 个。利用已知的点，采用建立附和导线形式。

要求全站仪测站检查，内容如下。

① 仪器对中检查，对中误差不大于 3mm。

② 测前要进行后视定向检验。

(2) 图根控制测量。依据导线测量技术指标表 A－10，测角一测回，进行控制测量。

表 A－10　各级导线的主要技术要求

等级	附合导线长度/km	平均边长/m	测角中误差/(″)	测回数		角度闭合差/(″)	导线全长相对闭合差
				DJ6	DJ2		
一级	2.5	250	5	4	2	$\pm10''\sqrt{n}$	1/10 000
二级	1.8	180	8	3	1	$\pm16''\sqrt{n}$	1/7 000
三级	1.2	120	12	2	1	$\pm24''\sqrt{n}$	1/5 000
图根	≤1.0M	≤1.5 测图最大视距	20	1	—	$\pm60''\sqrt{n}$	1/2 000

4. 数据采集

本测区较平坦，无房屋、水井、棚等。在图根测站点架仪器后，一人观测，一人绘制草图，两人跑杆。跑杆时 30～40 步一点，特殊地物特殊对待。读取数据看看是否在规定误差范围内；记录数据；搬测站时注意检查前一测站，并作为后视；检查误差传输数据。测图中有关地物观测参照《大比例尺地形图机助制图规范》及《工程测量规范》。

5. 内业成图及检核

1) 成图软件

内业成图利用南方 CASS 5.1 软件，其具有如下特点。

(1) 更加便捷的简码用户方案。

(2) 更加完善、实用的电子平板。

(3) 更加底层的骨架线技术。

(4) 更加直观、便捷的图上比例尺更改。

(5) 更加直观高效的地物遍及。

(6) 更加丰富的 DTM 建模与等高线绘图技术。

(7) 提供了更多的用户化途径。

(8) 全面采用 ObjectARX 开发技术。

(9) 更加集中的参数设置模式。

2) 成图方法

(1) 内业成图方法。在外业无码作业数据采集的基础上，内业将利用外业草图，采用南方 CASS 5.1 软件进行成图。成图比例尺为 1∶2 000 和 1∶1 000。地貌与实地相符，地物位置精确，符号利用要正确。所成的电子地图进行了严格分层管理，可出各种专题地图的要求。图形格式为 DWG 格式。

(2) 成图内容。地貌方面：根据测区实地状况应属丘陵地貌，因此地貌应用 2m 等高线表示。DTM 的建立符合地貌的现势性。绘出的等高线平滑自然，等高线拟合步长为 2m，等高线注记均匀。在地势平坦地区，应用散点表示地形的变化，散点分布均匀合理。特殊地貌采用正确的地貌符号进行表示。本测区内特殊地貌包括陡石山，本测区内线状地物主要包括大车道、铁丝网，本测区内独立地物主要包括探槽，本测区内面状地物主要包括：无。本测区内水系设施：无。测区内除以上地物外无其他地物，地貌也较为简单，因此地形图没加图例说明。

3) 内业成图

(1) DAT 文件的建立。在 Microsoft Excel 文件中首先输入该点的点号，再空一格，在第三格中输入 X 坐标的值，在第四格中输入 Y 的值，选择 csv 格式进行保存，并将文件的拓展名改为 dat.。

(2) 展点(高程点或点号)。在绘图处理的下拉菜单中选择“展点”项的“野外测点点号”在打开的对话框中选择自己所需要的文件，然后单击确定按钮便可以在屏幕展出外测点及点号。

(3) DTM 的建立。在等高线的目录下选择由数据文件建立 DTM，输入绘图比例 1∶2 000，选择不考虑坎高，回车以后在选择直接显示建立三角网的结果。

(4) 三角形的修改。在等高线的目录下选择删除三角形、增加三角形、过滤三角形、三角形内插点、重组三角形的命令，按照提示进行操作可以对三角网进行修改。

(5) 勾绘等高线。在等高线的目录下选择勾绘等高线，输入等高距，现在张力样条拟合。

(6) 等高线的修饰(包括修饰与高程注记)。在等高线的目录下选择删除三角网，注记等高线等命令。

（7）加图廓的方法。首先利用工程应用查询图框的长、宽；在绘图处理的目录下选择加图廓，在打开的对话框中输入测图员的姓名等与图相关的内容，拾取图的左下角坐标。

4）地形图的分幅与编号

根据甲方要求主测区共分9幅图，编号从1～9，图幅名为乌努格吐山矿区地形图(编号)，图幅长为1m宽为0.8m。南排土场1幅，图名为乌努格吐山矿区南排土场地形图。西排土场1幅，图名为乌努格吐山矿区西排土场地形图。炸药库1幅，图名为乌努格吐山矿区炸药库地形图。尾矿库两幅，编号为1至2，图名为乌努格吐山矿区尾矿库地形图(编号)。一场区1幅，图名为乌努格吐山矿区一场区地形图。二厂区1幅，图名为乌努格吐山矿区二厂区地形图。生活区1幅，图名为乌努格吐山矿区生活区地形图。尾矿库母坝1幅，图名为乌努格吐山矿区母坝地形图。

【案例分析】

1. 分析利用全站仪进行的测量工作项目

从以上的材料可知，全站仪在测量工作起着重要的作用。了解到测量工作的具体工作项目。下面对全站仪所进行的测量工作项目进行分析。

1）测量准备工作

（1）如果进行放样工作，需要熟悉设计图纸，仔细校核各图纸之间的尺寸关系。

（2）现场踏勘。需全面了解现场情况。

（3）制定测设方案。根据设计要求、定位条件、现场地形和工程方案等因素，制定测定或测设方案。

（4）对参加测量的人员进行初步的分工并进行测量技术交底，并对所需使用的仪器进行重新检验。

2）控制测量

（1）平面控制网的建立及平面控制测量。

（2）高程控制网的建立及高程控制测量。

3）测图碎部数据采集

根据控制测量结果，进行碎部点数据采集，测量角度、距离、高程，获得地面点的三维坐标。

4）测设(地面点位放样)

（1）建筑物的定位及建筑物轴线控制桩的布设。

（2）道路中线的放样。

（3）其他工程项目中点位放样。

2. 明确借助全站仪进行工程测量具体任务

根据对测量工作项目的进一步分析，得到全站仪在测量中的具体工作任务如下。

（1）在测量工作实施前，对所使用的全站仪进行主要技术指标的检验。

（2）控制测量。选择合适点位并根据已知国家控制点建立控制网，并通过导线测量的方法或三角测量的方法，进行控制测量，采集控制点的三维坐标。

（3）碎部测量。在已知坐标的控制点点位上安置仪器，获取碎部点的坐标值，也可以获得碎部点的相对位置信息(角度、距离、高差)。

(4) 测设(地面点位放样)。在已知控制点上安置仪器，根据设计图纸，采用极坐标法、直角坐标法、角度交会法或距离交会法将点位实地放样出来。

3. 剖析工程中所应用的测量知识

在各项涉及测绘工作的工程项目中，学生应具备相应的职业能力与专业知识。现在工程中越来越多地借助全站仪来完成各项测绘工作，分析这些工作任务，学生需要在学习过程中重点理解和掌握的全站仪相关知识点如下。

(1) 熟练掌握全站仪的种类、类型、组成构造及使用方法。

(2) 掌握简单的全站仪检测方法。

(3) 熟练掌握利用全站仪进行常规测量(角度测量、高差测量和距离测量)。

(4) 熟练掌握采用全站仪进行地面点位放样的方法。

(5) 重点掌握采用全站仪进行数字化测图的过程。

(6) 重点掌握采用不同的放样和交会定点方法放样建筑物轴线和道路中心线等。

知识点巩固习题

1. 一般平坦而开阔地区平均每平方千米图根点的密度对于 1∶2 000 比例尺测图应不少于________个，1∶1 000 比例尺测图应不少于________个。数字测图方法每平方千米图根点的密度，对于 1∶2 000 比例尺测图不少于________个，对于 1∶1 000 比例尺测图不少于________个。

2. 大比例尺地形图指的比例尺有哪些?

3. 现在我国常用的高程系统是________和________。

4. 全站仪的检验项目有哪些?

5. 测图的步骤包括哪些内容?

6. 常用的点位测设方法有________、________、________和________。

附录 B

测量员练习题

一、单选题

下列每题有 4 个选项，其中只有一个是正确的，请将其代号填在(　　)处。

1. 把图样上设计好的建筑物、构筑物的平面和高程位置，按设计要求标定在地面上，作为施工的依据，称为(　　)。

A. 测定　　B. 测量　　C. 测绘　　D. 测设

2. 用各种测量仪器和工具把地物和地貌的位置缩绘成地形图，称为(　　)。

A. 测定　　B. 测量　　C. 测设　　D. 测绘

3. 水平面是指与水准面(　　)的平面。

A. 相交　　B. 相切　　C. 平行　　D. 垂直

4. 绝对高程是以(　　)为基准面计算的。

A. 水准面　　B. 大地水准面　　C. 水平面　　D. 任意水准面

5. 青岛水准原点高程 72.260m 是(　　)系统中的高程。

A. 1956 年黄海高程　　B. 1985 年国家高程基准

C. 北京高程　　D. 山东省地方高程

6. 测量放线员的主要任务是进行(　　)。

A. 测地形图　　B. 小地区控制测量

C. 建筑工程施工测量　　D. 为科研服务的测量

7. 在小地区范围的工程测量中，地面点在大地水准面上的投影可用(　　)来表示。

A. 地理坐标　　B. 测量平面直角坐标

C. 建筑平面坐标　　D. 极坐标

8. 当水平距离为 10km 时，以水平面代替水准面所产生的距离误差仅为(　　)。

A. 1/50 000　　B. 1/100 000

C. 1/1 000 000　　D. 1/1 200 000

9. 水准测量的情况下，当视线长度为 100m 时，用水平面代替水准面的高程差为(　　)。

A. 0.05cm　　B. 0.08cm　　C. 0.1cm　　D. 0.2cm

10. 建筑红线是(　　)的界限。

A. 施工用地范围　　B. 规划用地范围

C. 建筑物占地范围　　D. 建设单位申请用地范围

11. 观测水平角时，用望远镜照准目标，由于望远镜放大倍数有限和外界的原因。照准目标可能偏左或偏右而引起照准误差，此误差属于(　　)。

A. 系统误差　　B. 中误差　　C. 相对误差　　D. 偶然误差

12. 一把名义长为 30m 的钢卷尺，实际长为 30.005m，每量一整尺段误差为 5mm，此误差属于(　　)。

A. 系统误差　　B. 中误差　　C. 相对误差　　D. 偶然误差

13. 在不等精度观测条件下，对某量进行多次观测，取其(　　)作为观测结果。

A. 加权平均值　　B. 算术平均值　　C. 最大观测值　　D. 最小观测值

14. 观测值中误差与观测值之比称为(　　)。

A. 相对中误差　　B. 中误差　　C. 限差　　D. 绝对误差

15. 绝对值大于 3 倍中误差的偶然误差出现的概率仅仅只有(　　)。

A. 5%　　B. 3%　　C. 5‰　　D. 3‰

16. 水准仪的 i 角是指(　　)二者在竖直面(与视准轴平行)上的投影交角。

A. 水准管轴与视准轴　　B. 竖轴与视准轴

C. 纵丝与视准轴　　D. 圆水准器轴与视准轴

17. 三、四等水准测量每测段的测站数均为偶数是为了(　　)。

A. 便于计算

B. 便于观测

C. 消除水准尺刻划不均匀误差

D. 消除两把水准尺零点高度差所引起的误差

18. 三、四等水准测量观测顺序为(　　)。

A. 前—前—后—后　　B. 后—后—前—前

C. 后—前—前—后　　D. 前—后—后—前

19. 柱与梁板同时现浇，柱中线投测到柱顶，可用(　　)投测。

A. 借线法　　B. 吊线法　　C. 经纬仪法　　D. 弹线法

20. 厂房杯形基础杯底找平的目的是(　　)。

A. 便于吊装柱子　　B. 使杯底标高符合设计高程

C. 使柱子容易垂直　　D. 使牛腿面符合设计高程

21. 柱子吊装垂直度校正时，安置经纬仪离柱子的距离不小于柱高的(　　)为宜。

A. 1 倍　　B. 1.5 倍　　C. 2 倍　　D. 3 倍

22. 水中桥墩中心位置的测设一般采用(　　)进行。

A. 极坐标法　　B. 直角坐标法　　C. 距离交会法　　D. 角度交会法

23. 变形观测的精度要求取决于观测的目的和该建筑物的(　　)。

A. 面积大小　　B. 重量大小

C. 体积大小　　D. 允许变形值的大小

24. 工程测量的实质是(　　)。

A. 测设　　B. 测定　　C. 确定点的位置　　D. 水准面

25. 1∶500 地形图的比例尺精度是(　　)。

A. 0.1mm　　B. 10mm　　C. 50mm　　D. 0.5mm

26. 测量的基准线是(　　)。

A. 投影线　　B. 铅垂线　　C. 标准线　　D. 延长线

27. 对距离丈量而言，水平面代替水准面的限度是(　　)为半径的圆面积。

A. 30m　　B. 30km　　C. 10m　　D. 10km

28. 测量规范规定以(　　)倍中误差作为限差。

A. 2　　B. 3　　C. 4　　D. 5

29. 观测值改正数为(　　)与观测值之差。

A. 算术平均值　　B. 计算值

C. 限差　　D. 均差

30. 人们把面积在(　　)km^2 以内的范围称为小地区。

A. 10　　B. 15　　C. 20　　D. 25

31. 碎部测量选择碎部点，就是选择地物、地貌的(　　)点。

A. 具体　　B. 特殊　　C. 特征　　D. 象征

32. GPS 是(　　)。

A. 全球卫星定位系统　　B. 遥感技术

C. 勘探基础　　D. 地理信息系统

33. RS 是(　　)。

A. 全球定位系统　　B. 遥感技术　　C. 勘探基础　　D. 地理信息系统

34. GIS 是(　　)。

A. 全球定位系统　　B. 遥感技术　　C. 勘探基础　　D. 地理信息系统

35. 吊车轨两轨相接处高差不得大于(　　)。

A. 0.5mm　　B. 1mm　　C. 2mm　　D. 3mm

36. 比隧道设计底板高出 1m 的(　　)称为腰线。

A. 准线法　　B. 垂线法　　C. 抄平线　　D. 切线法

37. 冻胀观测实质是(　　)。

A. 变形观测　　B. 高度观测　　C. 沉降观测　　D. 垂直观测

38. 在三角高程测量中，采用对向观测可以消除(　　)的影响。

A. 视差　　B. 视准轴误差

C. 地球曲率差和大气折光差　　D. 水平度盘分划误差

39. 设对某角观测一测回的观测中误差为±3″，现要使该角的观测结果精度达到±1.4″，需观测(　　)个测回。

A. 2　　B. 3　　C. 4　　D. 5

40. 下列 4 种比例尺地形图，比例尺最大的是(　　)。

A. 1∶5 000　　B. 1∶2 000　　C. 1∶1 000　　D. 1∶500

41. 钢尺的尺长误差对距离测量产生的影响属于(　　)。

A. 偶然误差　　B. 系统误差

C. 偶然误差也可能是系统误差　　D. 既不是偶然误差也不是系统误差

42. 在地形图上有高程分别为 26m、27m、28m、29m、30m、31m、32m 的等高线，则需加粗的等高线为(　　)m。

A. 26、31　　B. 27、32　　C. 29　　D. 30

43. 高差与水平距离之(　　)为坡度。

A. 和　　B. 差　　C. 比　　D. 积

44. 设 AB 距离为 200.23m，方位角为 $121°23'36''$，则 AB 的 X 坐标增量为(　　)m。

A. －170.919　　B. 170.919　　C. 104.302　　D. －104.302

45. 在高斯平面直角坐标系中，纵轴为(　　)。

A. x 轴，向东为正　　B. y 轴，向东为正

C. x 轴，向北为正　　D. y 轴，向北为正

46. 在以(　　)km 为半径的范围内，可以用水平面代替水准面进行距离测量。

A. 5　　B. 10　　C. 15　　D. 20

47. 水准测量中，设后尺 A 的读数 $a=2.713$m，前尺 B 的读数为 $b=1.401$m，已知 A 点高程为 15.000m，则视线高程为(　　)m。

A. 13.688　　B. 16.312　　C. 16.401　　D. 17.713

48. 在水准测量中，若后视点 A 的读数大，前视点 B 的读数小，则有(　　)。

A. A 点比 B 点低　　B. A 点比 B 点高

C. A 点与 B 点可能同高　　D. A、B 点的高低取决于仪器高度

49. 电磁波测距的基本公式 $D=\frac{1}{2}ct_{2D}$，式中 t_{2D} 为(　　)。

A. 温度　　B. 光从仪器到目标传播的时间

C. 光速　　D. 光从仪器到目标往返传播的时间

50. 导线测量角度闭合差的调整方法是(　　)。

A. 反号按角度个数平均分配　　B. 反号按角度大小比例分配

C. 反号按边数平均分配　　D. 反号按边长比例分配

51. 丈量一正方形的 4 条边长，其观测中误差均为±2cm，则该正方形周长的中误差为±(　　)cm。

A. 0.5　　B. 2　　C. 4　　D. 8

52. 在地形图上，量得 A 点高程为 21.17m，B 点高程为 16.84m，AB 距离为 279.50m，则直线 AB 的坡度为(　　)。

A. 6.8%　　B. 1.5%　　C. －1.5%　　D. －6.8%

53. 自动安平水准仪，(　　)。

A. 既没有圆水准器，也没有管水准器　　B. 没有圆水准器

C. 既有圆水准器，也有管水准器　　D. 没有管水准器

54. A 点的高斯坐标为 $x_A=112\ 240$m，$y_A=19\ 343\ 800$m，则 A 点所在 6°带的带号及中央子午线的经度分别为(　　)。

A. 11 带，66　　B. 11 带，63　　C. 19 带，117　　D. 19 带，111

55. 进行水准仪 i 角检验时，A、B 两点相距 80m，将水准仪安置在 A、B 两点中间，测得高差 $h_{AB}=0.125$m，将水准仪安置在距离 B 点 2～3m 的地方，测得的高差为 $h'_{AB}=$

0.186m，则水准仪的 i 角为(　　)。

A. 157″　　B. −157″　　C. 0.000 76″　　D. −0.000 76″

56. 用光学经纬仪测量水平角与竖直角时，度盘与读数指标的关系是(　　)。

A. 水平盘转动，读数指标不动；竖盘不动，读数指标转动

B. 水平盘转动，读数指标不动；竖盘转动，读数指标不动

C. 水平盘不动，读数指标随照准部转动；竖盘随望远镜转动，读数指标不动

D. 水平盘不动，读数指标随照准部转动；竖盘不动，读数指标转动

57. 衡量导线测量精度的一个重要指标是(　　)。

A. 坐标增量闭合差

B. 导线全长闭合差

C. 导线全长相对闭合差

D. 以上全是

58. 用陀螺经纬仪测得 PQ 的正北方位角为 $\alpha_{PQ}=62°11'08''$，计算得 P 点的子午线收敛角 $\gamma_P=-0°48'14''$，则 PQ 的坐标方位角 $\alpha_{PQ}=$(　　)。

A. 62°59′22″　　B. 61°22′54″　　C. 61°06′16″　　D. 62°58′22″

59. 地形图的比例尺用分子为 1 的分数形式表示时，(　　)。

A. 分母大，比例尺大，表示地形详细　　B. 分母小，比例尺小，表示地形概略

C. 分母大，比例尺小，表示地形详细　　D. 分母小，比例尺大，表示地形详细

60. 测量使用的高斯平面直角坐标系与数学使用的笛卡儿坐标系的区别是(　　)。

A. x 与 y 轴互换，第一象限相同，象限逆时针编号

B. x 与 y 轴互换，第一象限相同，象限顺时针编号

C. x 与 y 轴不变，第一象限相同，象限顺时针编号

D. x 与 y 轴互换，第一象限不同，象限顺时针编号

61. 坐标方位角的取值范围为(　　)。

A. 0°～270°　　B. −90°～90°　　C. 0°～360°　　D. −180°～180°

62. 某段距离丈量的平均值为 100m，其往返较差为+4mm，其相对误差为(　　)。

A. 1/25 000　　B. 1/25　　C. 1/2 500　　D. 1/250

63. 直线方位角与该直线的反方位角相差(　　)。

A. 180°　　B. 360°　　C. 90°　　D. 270°

64. 转动目镜对光螺旋的目的是使(　　)十分清晰。

A. 物像　　B. 十字丝分划板

C. 物像与十字丝分划板　　D. 以上全是

65. 地面上有 A、B、C 三点，已知 AB 边的坐标方位角 $\alpha_{AB}=35°23'$，测得左夹角 $\angle ABC=89°34'$，则 CB 边的坐标方位角 $\alpha_{CB}=$(　　)。

A. 124°57′　　B. 304°57′　　C. −54°11′　　D. 305°49′

66. 测量仪器望远镜视准轴的定义是(　　)的连线。

A. 物镜光心与目镜光心　　B. 目镜光心与十字丝分划板中心

C. 物镜光心与十字丝分划板中心　　D. 以上都不是

67. 已知 A 点高程 $H_A=62.118$m，水准仪观测 A 点标尺的读数 $a=1.345$m，则仪器

视线高程为(　　)。

A. 60.773　　B. 63.463　　C. 62.118　　D. 63.459

68. 对地面点 A，任取一个水准面，则 A 点至该水准面的垂直距离为(　　)。

A. 绝对高程　　B. 海拔　　C. 高差　　D. 相对高程

69. 1∶2 000 地形图的比例尺精度是(　　)。

A. 0.2cm　　B. 2cm　　C. 0.2m　　D. 2m

70. 观测水平角时，照准不同方向的目标，应如何旋转照准部？(　　)

A. 盘左顺时针，盘右逆时针方向　　B. 盘左逆时针，盘右顺时针方向

C. 总是顺时针方向　　D. 总是逆时针方向

71. 展绘控制点时，应在图上标明控制点的(　　)。

A. 点号与坐标　　B. 点号与高程　　C. 坐标与高程　　D. 高程与方向

72. 在 1∶1 000 地形图上，设等高距为 1m，现量得某相邻两条等高线上 A、B 两点间的图上距离为 0.01m，则 A、B 两点的地面坡度为(　　)。

A. 1%　　B. 5%　　C. 10%　　D. 20%

73. 道路纵断面图的高程比例尺通常比水平距离比例尺(　　)。

A. 小 1 倍　　B. 小 10 倍　　C. 大 1 倍　　D. 大 10 倍

74. 高斯投影属于(　　)。

A. 等面积投影　　B. 等距离投影　　C. 等角投影　　D. 等长度投影

75. 产生视差的原因是(　　)。

A. 观测时眼睛位置不正　　B. 物像与十字丝分划板平面不重合

C. 前后视距不相等　　D. 目镜调焦不正确

76. 地面某点的经度为东经 85°32′，该点应在三度带的第几带？(　　)

A. 28　　B. 29　　C. 27　　D. 30

77. 测定点的平面坐标的主要工作是(　　)。

A. 测量水平距离　　B. 测量水平角

C. 测量水平距离和水平角　　D. 测量竖直角

78. 经纬仪对中误差所引起的角度偏差与测站点到目标点的距离(　　)。

A. 成反比　　B. 成正比

C. 没有关系　　D. 有关系，但影响很小

79. 坐标反算是根据直线的起、终点平面坐标，计算直线的(　　)。

A. 斜距、水平角　　B. 水平距离、方位角

C. 斜距、方位角　　D. 水平距离、水平角

80. 山脊线也称(　　)。

A. 示坡线　　B. 集水线　　C. 山谷线　　D. 分水线

81. 设 $H_A=15.032\text{m}$，$H_B=14.729\text{m}$，$h_{AB}=$(　　)m。

A. −29.761　　B. −0.303　　C. 0.303　　D. 29.761

82. 在高斯平面直角坐标系中，x 轴方向为(　　)方向。

A. 东西　　B. 左右　　C. 南北　　D. 前后

83. 高斯平面直角坐标系中直线的方位角是按以下哪种方式量取的？(　　)

A. 纵坐标北端起逆时针　　B. 横坐标东端起逆时针
C. 纵坐标北端起顺时针　　D. 横坐标东端起顺时针

84. 地理坐标分为(　　)。
A. 天文坐标和大地坐标　　B. 天文坐标和参考坐标
C. 参考坐标和大地坐标　　D. 三维坐标和二维坐标

85. 某导线全长620m，算得 $f_x=0.123$m，$f_y=-0.162$m，导线全长相对闭合差 $K=$(　　)。
A. 1/2 200　　B. 1/3 100　　C. 1/4 500　　D. 1/3 048

86. 已知 AB 两点的边长为188.43m，方位角为146°07′06″，则 AB 的 x 坐标增量为(　　)。
A. −156.433m　　B. 105.176m　　C. 105.046m　　D. −156.345m

87. 竖直角(　　)。
A. 只能为正　　B. 只能为负
C. 可为正，也可为负　　D. 不能为零

88. 对某边观测4测回，观测中误差为±2cm，则算术平均值的中误差为(　　)。
A. ±0.5cm　　B. ±1cm　　C. ±4cm　　D. ±2cm

89. 普通水准测量时应在水准尺上读取(　　)位数。
A. 5　　B. 3　　C. 2　　D. 4

90. 水准尺向前或向后方向倾斜对水准测量读数造成的误差是(　　)。
A. 偶然误差　　B. 系统误差
C. 可能是偶然误差也可能是系统误差　　D. 既不是偶然误差也不是系统误差

91. 下列比例尺地形图中，比例尺最小的是(　　)。
A. 1∶2 000　　B. 1∶500　　C. 1∶10 000　　D. 1∶5 000

92. 对高程测量，用水平面代替水准面的限度是(　　)。
A. 在以10km为半径的范围内可以代替　　B. 在以20km为半径的范围内可以代替
C. 不论多大距离都可代替　　D. 不能代替

93. 水准器的分划值越大，说明(　　)。
A. 内圆弧的半径大　　B. 其灵敏度低
C. 气泡整平困难　　D. 整平精度高

94. 某直线的坐标方位角为121°23′36″，则反坐标方位角为(　　)。
A. 238°36′24″　　B. 301°23′36″　　C. 58°36′24″　　D. −58°36′24″

95. 普通水准尺的最小分划为1cm，估读水准尺mm位的误差属于(　　)。
A. 偶然误差　　B. 系统误差
C. 可能是偶然误差也可能是系统误差　　D. 既不是偶然误差也不是系统误差

96. 水准仪的(　　)应平行于仪器竖轴。
A. 视准轴　　B. 圆水准器轴　　C. 十字丝横丝　　D. 管水准器轴

97. 竖直角的最大值为(　　)。
A. 90°　　B. 180°　　C. 270°　　D. 360°

98. 各测回间改变零方向的度盘位置是为了削弱(　　)误差影响。

A. 视准轴　　B. 横轴　　C. 指标差　　D. 度盘分划

99. DS_1 水准仪的观测精度要(　　)DS_3 水准仪。

A. 高于　　B. 接近于　　C. 低于　　D. 等于

100. 观测某目标的竖直角，盘左读数为 101°23′36″，盘右读数为 258°36′00″，则指标差为(　　)。

A. 24″　　B. −12″　　C. −24″　　D. 12″

101. 水准测量中，同一测站，当后尺读数大于前尺读数时说明后尺点(　　)。

A. 高于前尺点　　B. 低于前尺点　　C. 高于测站点　　D. 等于前尺点

102. 水准测量时，尺垫应放置在(　　)。

A. 水准点　　B. 转点

C. 土质松软的水准点上　　D. 需要立尺的所有点

103. 转动目镜对光螺旋的目的是(　　)。

A. 看清十字丝　　B. 看清物像　　C. 消除视差　　D. 以上都正确

二、多选题

1. 工程测量学的主要任务是(　　)。

A. 测设　　B. 测定　　C. 确定点的位置　　D. 水准面

2. 测量坐标系 x 轴是指(　　)轴与地理坐标(　　)轴相重合。

A. 横坐标　　B. 纵坐标　　C. 北方向 N　　D. 东方向 E

3. 测量工作的程序是(　　)。

A. 从整体到局部　　B. 从高级到低级

C. 先控制后细部　　D. 从低精度到高精度

4. 基准面有(　　)、(　　)两种。

A. 铅垂面　　B. 水平面　　C. 水准面　　D. 投影面

5. 测量误差产生的原因有(　　)。

A. 人为的原因　　B. 仪器的原因　　C. 视线原因　　D. 外界条件的影响

6. 测量误差分为(　　)、(　　)两大类。

A. 中误差　　B. 真误差　　C. 偶然误差　　D. 系统误差

7. 精密水准尺木质尺身的槽内嵌有一根(　　)，带上标有(　　)。

A. 因瓦合金条带　　B. 凹槽　　C. 标准条　　D. 刻划

8. 光学经纬仪按精度分为(　　)。

A. 高精度光学经纬仪　　B. 中精度光学经纬仪

C. 低精度光学经纬仪　　D. A、B、C

9. 激光铅垂仪能提供一条可见的(　　)，因而它常用于(　　)、(　　)建筑物或(　　)的施工测量中。

A. 红光铅垂线　　B. 构筑物　　C. 现代高层　　D. 超高层

10. 激光铅垂仪应满足：水准管轴垂直于(　　)，激光束的光轴应与(　　)重合的两个条件。

A. 仪器横轴　　B. 十字丝纵丝　　C. 仪器竖轴　　D. 仪器竖轴

11. 激光水准仪主要用于(　　)等大型构件装配中的水平面、水平线测设与检验等。

A. 隧道腰线测设　B. 场地平整测量　C. 路桥工程　D. 造船工业

12. 激光经纬仪可测量（　）。

A. 角度　B. 距离

C. 高程　D. 建筑物、构筑物的垂直度

13. 小地区平面控制测量的主要方法有（　）。

A. 建筑方格网　B. 建筑基线　C. 三角测量　D. 导线测量

14. 在全国范围内建立的三角测量控制网称为（　），它分为（　）个等级。

A. 国家平面控制网　B. 二

C. 三　D. 四

15. 导线点的标志有（　）和（　）两种。

A. 水准点　B. 控制点　C. 临时性　D. 永久性

16. 三、四等水准测量一般应与国家（　）等水准网点联测。当建立独立的高程控制网时，其首级高程控制网应布置成（　）路线。

A. 一、二　B. 三、四　C. 闭合水准　D. 附合水准

17. 三角高程的双向观测可以消除（　）和（　）的联合影响。

A. 大地折光　B. 视差　C. 误差　D. 地球曲率

18. 小三角网布设形式主要有（　）。

A. 单三角锁　B. 中心多边形　C. 大地四边形　D. 线形三角锁

19. 小平板仪主要是由（　）组成的。其附件有（　）和罗针。

A. 测图板　B. 照准仪　C. 三脚架　D. 对点器

20. 用平板仪测定碎部点点位的方法主要有（　）。

A. 射线法　B. 交汇法　C. 极坐标法　D. 直角坐标法

21. 碎部测量的方法有（　）、（　）、（　）3 种。

A. 经纬仪测绘法　B. 全站仪数据采集法

C. 经纬仪配合小平板仪测图法　D. 测图法

22. 经纬仪配合小平板仪测图法是将（　）安置在控制点上，（　）安置在控制点旁边。

A. 小平板仪　B. 经纬仪　C. 水准仪　D. 绘图仪

23. 经纬仪测绘法测图是将（　）安置在控制点上，在测站近旁安置（　）。

A. 小平板仪　B. 经纬仪　C. 水准仪　D. 绘图仪

24. 地形图测绘的检查分为（　）和（　）两部分。

A. 测图检查　B. 踏勘检查　C. 内业检查　D. 外业检查

25. 项目施工管理分为（　）、（　）、（　）等 3 个阶段的管理。

A. 准备　B. 组织　C. 施工　D. 交工验收

26. 项目经理部根据项目的（　）大小，而分为（　）个等级。

A. 规模　B. 四　C. 规划　D. 三

27. 项目的施工准备工作包括（　）。

A. 办理开工手续　B. 技术资料准备　C. 资源准备　D. 施工现场准备

28. 三通一平是指（　）。

A. 水通　　B. 电通　　C. 道路通　　D. 施工场地平整

29. 施工现场准备工作包括(　　)。

A. 三通一平　　B. 测量放线　　C. 搭设临时设施　　D. 材料准备

30. 施工任务书的管理包括(　　)。

A. 招标投标　　B. 签发　　C. 执行　　D. 验收

31. 工程质量检查方式有(　　)。

A. 自检　　B. 互检　　C. 交接检　　D. 送检

32. 工程质量评定的等级分为(　　)、(　　)两个等级。

A. 一等　　B. 二等　　C. 优良　　D. 合格

33. 测量新技术的3S是(　　)、(　　)、(　　)。

A. GPS　　B. RS　　C. GIS　　D. RTK

34. 施工场地的平面控制有(　　)、(　　)、(　　)3种形式。

A. 导线　　B. 建筑基线　　C. 建筑红线　　D. 建筑方格网

35. 建筑方格网先在(　　)上进行布设，然后再到现场(　　)。

A. 控制总平面图　　B. 设计总平面图　　C. 测定　　D. 测设

36. 建筑方格网主轴线尽可能通过(　　)中央，且与主要建筑物的(　　)平行。

A. 建筑场地　　B. 轴线　　C. 建筑物　　D. 建筑基线

37. 建筑方格网中的正方形或矩形的边长，一般以(　　)m为宜。场地不大时也可采用(　　)m的边长。

A. 100～200　　B. 200～300　　C. 40～50　　D. 60～70

38. 测设建筑方格网的方法有(　　)、(　　)两种。

A. 主轴线交点法　　B. 轴线法　　C. 方格网法　　D. 建筑基线法

39. 弧形建筑物定位测量的方法有(　　)、(　　)两种。

A. 弧形半径法　　B. 轴线法　　C. 拉线法　　D. 矢高法

40. 烟囱中心点O是根据(　　)或(　　)测设的。

A. 已知控制点　　B. 已有建筑物　　C. 经纬仪　　D. 水准仪

41. 吊车轨道放线的方法有(　　)、(　　)、(　　)3种。

A. 测设法　　B. 接线法　　C. 经纬仪法　　D. 平行线法

42. 屋架垂直度的检测方法有(　　)、(　　)、(　　)3种。

A. 垂线法　　B. 经纬仪法　　C. 吊弹尺法　　D. 悬高法

43. 隧道掘进方向指示的方法有(　　)、(　　)两种。

A. 经纬仪法或瞄线法　　B. 激光指向仪或激光定向经纬仪法

C. 光照法　　D. 平行线法

44. 竖井联系测量中，掘进方向及坐标传递的方法有(　　)、(　　)两种。

A. 分段法　　B. 测设法　　C. 方向线法　　D. 陀螺经纬仪法

45. 隧道横断面测量的方法有(　　)、(　　)两种。

A. 支距法　　B. 射线法　　C. 水平法　　D. 接线法

46. 小型桥梁施工，一般选在(　　)季节或采用(　　)的方法进行。

A. 冬季　　B. 秋季　　C. 枯水　　D. 导流

47. 路线勘测设计测量一般分为(　　)和(　　)两个阶段。

A. 初测　　B. 终测　　C. 测定　　D. 定测

48. 常用的路基边桩测设方法有(　　)、(　　)两种。

A. 算术法　　B. 图解法　　C. 解析法　　D. 丈量法

49. 竖曲线有(　　)形和(　　)形两种。

A. 凸　　B. 凹　　C. 横断面　　D. 纵断面

50. 道路中线控制桩测设的方法有(　　)、(　　)两种。

A. 延长线法　　B. 平行线法　　C. 缓曲线法　　D. 折曲线法

51. 管道施工前的测量工作包括(　　)等内容。

A. 恢复中线　　B. 测设控制桩　　C. 加密施工水准点　　D. 转折点

52. 管道施工测量中，测设控制桩包括测设(　　)、(　　)。

A. 管道边桩　　B. 直径控制桩

C. 中线方向控制桩　　D. 附属构筑物控制桩

53. 管道施工测量中，测设坡度控制标志有(　　)、(　　)两种方法。

A. 坡度板法　　B. 平行轴腰线法　　C. 水平控制桩　　D. 轴线控制桩

54. 建筑物的变形是指建筑的(　　)等。

A. 沉降　　B. 倾斜　　C. 裂缝　　D. 平移

55. 建筑物变形观测的任务是周期性地对设置在建筑物上的(　　)进行重复观测，以求得(　　)。

A. 观测点　　B. 观测点位置的变化量

C. 沉降　　D. 倾斜

56. 建筑物的沉降观测是采用水准测量的方法，测定(　　)与(　　)之间的高差，以求得建筑物的(　　)。

A. 控制桩　　B. 已埋设的沉降观测点

C. 水准基点　　D. 沉降量

57. 塔式建筑物的倾斜观测一般有(　　)、(　　)两种方法。

A. 经纬仪标尺法　　B. 前方交汇测斜法　　C. 角度交汇法　　D. 极坐标法

58. 建筑物裂缝观测是指定期观测裂缝的(　　)、(　　)及其(　　)等。

A. 距离　　B. 长度　　C. 宽度　　D. 方向

59. 平面位移观测是利用已有的控制点测定建筑物、构筑物的(　　)随时间而移动的(　　)和(　　)。

A. 平面位置　　B. 方向　　C. 大小　　D. 位移位置

60. 变形观测的目的有(　　)、(　　)两个。

A. 确保建筑物安全　　B. 研究建筑物变形过程

C. 为施工服务　　D. 管理需要

61. 观测点下沉量曲线图中横坐标轴表示(　　)，上半部纵坐标轴表示(　　)，下半部纵坐标轴表示(　　)。

A. 方位　　B. 时间　　C. 建筑静荷载　　D. 沉降量

62. 建筑产品分为(　　)、(　　)两大类。

A. 建筑物　　B. 构筑物　　C. 框架结构　　D. 框剪结构

63. 建筑物分为(　　)、(　　)两大类。

A. 建筑物　　B. 构筑物　　C. 工业建筑　　D. 民用建筑

64. 建筑施工图分为(　　)。

A. 建筑总平面图　　B. 建筑施工图　　C. 结构施工图

D. 暖卫施工图　　E. 电气施工图

65. 我国使用高程系的标准名称是(　　)。

A. 1956 黄海高程系　　B. 1956 年黄海高程系

C. 1985 年国家高程基准　　D. 1985 国家高程基准

66. 我国使用的平面坐标系的标准名称是(　　)。

A. 1954 北京坐标系　　B. 1954 年北京坐标系

C. 1980 西安坐标系　　D. 1980 年西安坐标系

三、判断题(下列判断正确的请打"√",错误的打"×")

1. 施工总平面图就是建筑总平面图。(　　)

2. 建筑平面图尺寸线一般注有 3 道,最靠墙一道标出建筑物的总长度和总宽度。(　　)

3. 误差是可以避免的。(　　)

4. 人、仪器及外界环境是测量工作得以进行的客观条件,称为观测条件。(　　)

5. 观测条件相同的各次观测称为不等精度观测。(　　)

6. 误差理论是研究和处理系统误差的理论。(　　)

7. 对某量进行多次等精度观测,取其加权平均值作为观测结果。(　　)

8. 中误差不是真误差,它是真误差的代表。(　　)

9. 在测量观测中,错误就是误差,误差就是错误。(　　)

10. 在相同的观测条件下,要提高算术平均值的精确度,只有增加观测次数。(　　)

11. 精密水准仪的十字丝横丝为楔形,是为了便于精确瞄准。(　　)

12. 精密水准仪在同时存在 i 角误差和 p 角误差时,应先校正 i 角误差,后校正 p 角误差。(　　)

13. J6 级光学经纬仪属于中精度光学经纬仪。(　　)

14. 激光铅垂仪整平速度快是由于有互成 90°的水准管。(　　)

15. 三角高程测量的精度比水准测量高。(　　)

16. 采用小三角网作为小地区平面控制网,一般是在视野开阔,便于用钢卷尺量距的地带。(　　)

17. 小三角网边短,计算时不考虑地球曲率的影响。(　　)

18. 前方交会法适用于通视较好而量边不便的地区。(　　)

19. 前方交会法用于加密控制点,交会导线端点的坐标。(　　)

20. 小平板仪对点器是用来使测站点与其在图上的展点处于一条直线上的工具。(　　)

21. 小平板仪定向是使小平板仪对准北方向。(　　)

22. 地形图测绘的检查只需完成后进行一次性检查即可。(　　)

23. 小平板仪初步安置的步骤是目估定向、整平、目估对中。 ( )

24. 小平板仪精确安置的步骤是精确定向、整平、对中。 ( )

25. 地貌主要是用图例来表示的。 ( )

26. 地形图整饰的顺序是先图外后图内，先符号后注记，先地貌后地物。 ( )

27. 导线和建筑基线只适用于工业建筑区的施工控制测量。 ( )

28. 土方平整应建立三等水准网，进行三等水准测量。 ( )

29. 断面为圆形的烟囱，定位测量的任务是测设出圆周上的若干个点。 ( )

30. 烟囱筒身坡度是否符合设计要求，是利用挂垂球线来检测的。 ( )

31. 柱安装前需弹设出柱 4 个侧面的中心线。 ( )

32. 柱顶需弹设出屋架横轴线和跨度轴线，作为安装线。 ( )

33. 柱安装就位方向标志三角形顶尖所指方向为轴线数值增加方向。 ( )

34. 柱安装线一般是靠近柱边，距柱边为 10cm，且垂直于柱中心线。 ( )

35. 隧道曲线段的中线与掘进方向是一致的。 ( )

36. 中型桥梁三角网的基线丈量是采用检定过的钢卷尺，用精密丈量法丈量。 ( )

37. 所谓沉降速度变化趋向稳定，是指老土地区下沉量每 100 天不大于 1.0mm，软土地区每 100 天不大于 4.0mm。 ( )

38. 建筑物平面位移观测的基线，应平行于建筑物移动方向。 ( )

四、填空题

1. 测量工作的基准线是________。

2. 测量工作的基准面是________。

3. 测量计算的基准面是________。

4. 真误差为________减________。

5. 水准仪的操作步骤为________、________、________、________。

6. 相邻等高线之间的水平距离称为________。

7. 标准北方向的种类有________、________、________。

8. 用测回法对某一角度观测四测回，第四测回零方向的水平度盘读数应配置为________左右。

9. 三等水准测量中丝读数法的观测顺序为________、________、________、________。

10. 四等水准测量中丝读数法的观测顺序为________、________、________、________。

11. 设在测站点的东南西北分别有 A、B、C、D 4 个标志，用方向观测法观测水平角，以 B 为零方向，则盘左的观测顺序为________。

12. 在高斯平面直角坐标系中，中央子午线的投影为坐标________轴。

13. 权等于 1 的观测量称为________。

14. 已知 A 点高程为 14.305m，欲测设高程为 15.000m 的 B 点，水准仪安置在 A、B 两点中间，在 A 尺读数为 2.314m，则在 B 尺读数应为________m，才能使 B 尺零点的高程为设计值。

15. 水准仪主要由________、________、________组成。

16. 经纬仪主要由________、________、________组成。

17. 用测回法对某一角度观测六测回，则第四测回零方向的水平度盘应配置为________左右。

18. 等高线的种类有________、________、________、________。

19. 设观测一个角度的中误差为±8″，则三角形内角和的中误差应为________。

20. 用钢尺丈量某段距离，往测为112.314m，返测为112.329m，则相对误差为________。

21. 水准仪上圆水准器的作用是使________，管水准器的作用是使________。

22. 望远镜产生视差的原因是________。

23. 通过________海水面的水准面称为大地水准面。

24. 地球的平均曲率半径为________km。

25. 水准仪、经纬仪或全站仪的圆水准器轴与管水准器轴的几何关系为________。

26. 直线定向的标准北方向有正北方向、磁北方向和________方向。

27. 经纬仪十字丝分划板上丝和下丝的作用是测量________。

28. 水准路线按布设形式分为________、________、________。

29. 某站水准测量时，由 A 点向 B 点进行测量，测得 AB 两点之间的高差为0.506m，且 B 点水准尺的读数为2.376m，则 A 点水准尺的读数为________m。

30. 三等水准测量采用"后—前—前—后"的观测顺序可以削弱________的影响。

31. 用钢尺在平坦地面上丈量 AB、CD 两段距离，AB 往测为476.4m，返测为476.3m；CD 往测为126.33m，返测为126.3m，则 AB 比 CD 丈量精度要________。

32. 测绘地形图时，碎部点的高程注记在点的________侧、字头应________。

33. 测绘地形图时，对地物应选择________立尺、对地貌应选择________立尺。

34. 汇水面积的边界线是由一系列________连接而成。

35. 已知A、B两点的坐标值分别为 $x_A=5\ 773.633$m，$y_A=4\ 244.098$m，$x_B=6\ 190.496$m，$y_B=4\ 193.614$m，则坐标方位角 $\alpha_{AB}=$________、水平距离 $D_{AB}=$________m。

36. 在1∶2 000地形图上，量得某直线的图上距离为18.17cm，则实地长度为________m。

37. 地面某点的经度为131°58′，该点所在统一6°带的中央子午线经度是________。

38. 水准测量测站检核可以采用________或________测量两次高差。

39. 已知路线交点JD桩号为K2+215.14，圆曲线切线长为61.75m，圆曲线起点桩号为________。

40. 地形图应用的基本内容包括量取________、________、________、________。

41. 象限角是由标准方向的北端或南端量至直线的________，取值范围为________。

42. 经纬仪的主要轴线有________、________、________、________、________。

43. 等高线应与山脊线及山谷线________。

44. 水准面是处处与铅垂线________的连续封闭曲面。

45. 绘制地形图时，地物符号分________、________和________。

46. 为了使高斯平面直角坐标系的 y 坐标恒大于零，将 x 轴自中央子午线西移________km。

47. 水准仪的圆水准器轴应与竖轴________。

48. 钢尺量距时，如定线不准，则所量结果总是偏________。

49. 经纬仪的视准轴应垂直于________。

50. 衡量测量精度的指标有________、________、________。

51. 由于照准部旋转中心与________不重合之差称为照准部偏心差。

52. 天文经纬度的基准是________，大地经纬度的基准是________。

53. 权与中误差的平方成________。

54. 正反坐标方位角相差________。

55. 测图比例尺越大，表示地表现状越________。

56. 试写出下列地物符号的名称：________，________，________，________，________，________，________，________，________，________，________，________，________，________，________，________，________，________，—×———×—________，________，________，________，○•••○•••○________，________，________，________，________，________，________。

57. 用经纬仪盘左、盘右两个盘位观测水平角，取其观测结果的平均值，可以消除________、________、________对水平角的影响。

58. 距离测量方法有________、________、________、________。

59. 测量误差产生的原因有____________、________、________。

60. 典型地貌有____________、________、____________、________。

61. 某直线的方位角为123°20′，其反方位角为____________。

62. 圆曲线的主点有________、________、________。

63. 测设路线曲线的方法有________、________、________。

64. 路线加桩分为________、________、____________和________。

65. 建筑变形包括________和____________。

66. 建筑物的位移观测包括____________、________、____________、挠度观测、日照变形观测、风振观测和场地滑坡观测。

67. 建筑物主体倾斜观测方法有________、________、________、__________、__________。

68. 路线勘测设计测量一般分为________和________两个阶段。

69. 里程桩分________和________。

70. 加桩分为____________、________、____________和________。

五、计算题

1. 设 A 点高程为15.023m，欲测设设计高程为16.000m的 B 点，水准仪安置在 A、B 两点之间，读得A尺读数 a=2.340m，B尺读数 b 为多少时，才能使尺底高程为 B 点高程。

【解】 水准仪的仪器高为 H_i=________，则B尺的后视读数应为________，b=________，此时，B尺零点的高程为________。

2. 在1∶2 000地形图上，量得一段距离 d=23.2cm，其测量中误差 m_d=±0.1cm，求该段距离的实地长度 D 及中误差 m_D。

【解】 $D=dM=$________；$m_D=Mm_d=$________。

3. 已知图B.1中 AB 的坐标方位角，观测了图中4个水平角，试计算边长 $B \to 1$，$1 \to 2$，$2 \to 3$，$3 \to 4$ 的坐标方位角。

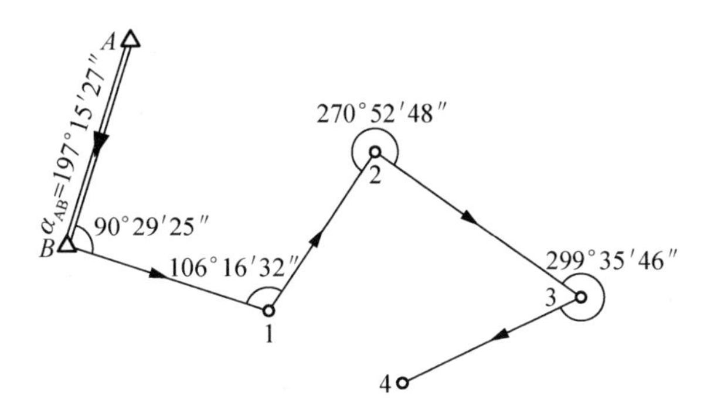

图 B.1　图推算支导线的坐标方位角

【解】 $\alpha_{B1}=$

$\alpha_{12}=$

$\alpha_{23}=$

$\alpha_{34}=$

4. 在同一观测条件下，对某水平角观测了五测回，观测值分别为 39°40′30″，39°40′48″，39°40′54″，39°40′42″，39°40′36″，试计算以下值。

(1) 该角的算术平均值。

(2) 一测回水平角观测中误差。

(3) 五测回算术平均值的中误差。

5. 在一个直角三角形中，独立丈量了两条直角边 a、b，其中误差均为 m，试推导由 a、b 边计算所得斜边 c 的中误差 m_c 的公式？

【解】 斜边 c 的计算公式为 $c=\sqrt{a^2+b^2}$，全微分，得

$$dc=\frac{1}{2}(a^2+b^2)-\frac{1}{2}2ada+\frac{1}{2}(a^2+b^2)-\frac{1}{2}2bdb$$

$$=\frac{a}{c}da+\frac{b}{c}db$$

应用误差传播定律，得

$$m_c^2=\frac{a^2}{c^2}m^2+\frac{b^2}{c^2}m^2=\frac{(a^2+b^2)}{c^2}m^2=m^2$$

6. 已知 $\alpha_{AB}=89°12'01''$，$x_B=3\ 065.347$m，$y_B=2\ 135.265$m，坐标推算路线为 $B\rightarrow1\rightarrow2$，测得坐标推算路线的右角分别为 $\beta_B=32°30'12''$，$\beta_1=261°06'16''$，水平距离分别为 $D_{B1}=123.704$m，$D_{12}=98.506$m，试计算 1，2 点的平面坐标。

【解】 (1) 推算坐标方位角。

$\alpha_{B1}=$

$\alpha_{12}=$

(2) 计算坐标增量。

$\Delta x_{B1}=$

$\Delta y_{B1}=$

$\Delta x_{12}=$

$\Delta y_{12}=$

(3) 计算1，2点的平面坐标。

$x_1=$

$y_1=$

$x_2=$

$y_2=$

7. 试完成表B-1测回法水平角观测手簿的计算。

表B-1 测回法水平角观测手簿

测站	目标	竖盘位置	水平度盘读数/(° ′ ″)	半测回角值/(° ′ ″)	一测回平均角值/(° ′ ″)
一测回 B	A	左	0 06 24		
	C		111 46 18		
	A	右	180 06 48		
	C		291 46 36		

8. 完成表B-2竖直角观测手簿的计算，不需要写公式，全部计算均在表格中完成。

表B-2 竖直角观测手簿

测站	目标	竖盘位置	竖盘读数/(° ′ ″)	半测回竖直角/(° ′ ″)	指标差/(″)	一测回竖直角/(° ′ ″)
A	B	左	81 18 42			
		右	278 41 30			
	C	左	124 03 30			
		右	235 56 54			

9. 用计算器完成表B-3的视距测量计算。其中仪器高 $i=1.52$m，竖直角的计算公式为 $\alpha_L=90°-L$(水平距离和高差计算取位至0.01m，需要写出计算公式和计算过程)。

表B-3 视距测量

目标	上丝读数/m	下丝读数/m	竖盘读数/(° ′ ″)	水平距离/m	高差/m
1	0.960	2.003	83°50′24″		

10. 已知1、2点的平面坐标列于表B-4，试用计算器计算坐标方位角 α_{12}，计算取位到1″。

表B-4 平面坐标

点名	X/m	Y/m	方向	方位角/(° ′ ″)
1	44 810.101	23 796.972		
2	44 644.025	23 763.977	1→2	

11. 在测站 A 进行视距测量，仪器高 $i=1.45$m，望远镜盘左照准 B 点标尺，中丝读

数 v=2.56m，视距间隔为 l=0.586m，竖盘读数 $L=93°28'$，求水平距离 D 及高差 h。

【解】 $D=100l\cos^2(90-L)=$

$h=D\tan(90-L)+i-v=$

12. 已知控制点 A、B 及待定点 P 的坐标见表 B-5。

表 B-5 坐标

点　　名	X/m	Y/m	方　　向	方位角/(° ′ ″)	平距/m
A	3 189.126	2 102.567			
B	3 185.165	2 126.704	A→B		
P	3 200.506	2 124.304	A→P		

试在表格中计算 A→B 的方位角，A→P 的方位角，A→P 的水平距离。

13. 如图 B.2 所示，已知水准点 BMA 的高程为 33.012m，1、2、3 点为待定高程点，水准测量观测的各段高差及路线长度标注在图 B.2 中，试计算各点高程。要求在表 B-6 中计算。

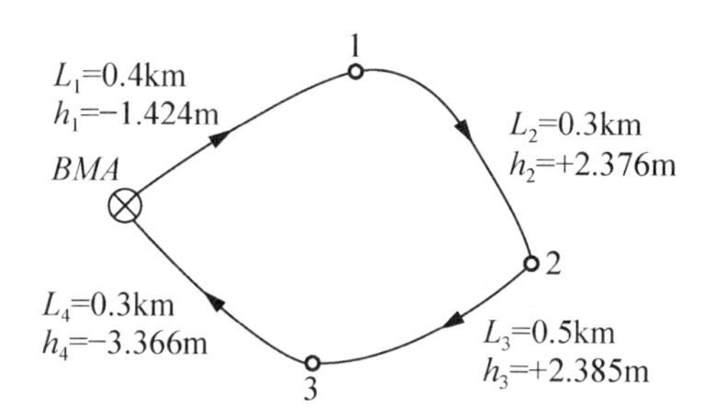

图 B.2 高程图示

表 B-6 高程计算

点　　号	L/km	h/m	V/mm	(h+V)/m	H/m
A					33.012
1	0.4	−1.424			
2	0.3	+2.376			
3	0.5	+2.385			
A	0.3	−3.366			
$\sum$					
辅助计算	$f_{h容}$(mm)$=\pm30\sqrt{L}=$				

14. 图 B.3 为某支导线的已知数据与观测数据，试在表 B-7 中计算 1、2、3 点的平面坐标。

15. 为了求得 E 点的高程，分别从已知水准点 A、B、C 出发进行水准测量，计算得到 E 点的高程值及各段的路线长列于表 B-8 中，试求以下值。

(1) E 点高程的加权平均值(取位至 mm)。

表 B-7 平面坐标计算

点名	水平角/(° ′ ″)	方位角/(° ′ ″)	水平距离/m	Δx/m	Δy/m	X/m	Y/m
A		237 59 30					
B	99 01 08		225.853			2 507.693	1 215.632
1	167 45 36		139.032				
2	123 11 24		172.571				
3							

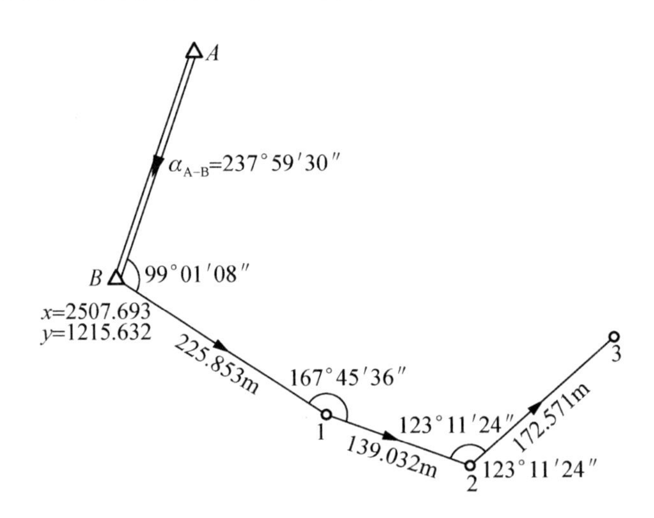

图 B.3 某支导线的观测数据图

表 B-8 E 点高程值计算

路线	E 点高程值/m	路线长 L_i/km	权 $P_i=1/L_i$	改正数 V_i/mm	$P_iV_i^2$
A→E	78.316	2.5			
B→E	78.329	4.0			
C→E	78.320	5.0			
$\sum$					

(2) 单位权中误差。

(3) E 点高程加权平均值的中误差。

【解】 E 点高程的加权平均值计算。

单位权中误差 $m_0=\pm\sqrt{\frac{[PVV]}{n-1}}=$

E 点高程加权平均值的中误差 $m_{\bar{H}_W}=\pm\sqrt{\frac{[PVV]}{[P]\ n-1}}=$

16. 已知1、2、3、4、5共5个控制点的平面坐标列于表B-9，试计算出方位角 α_{31}、α_{32}、α_{34} 与 α_{35} 计算取位到秒。

表B-9 平面坐标

点 名	X/m	Y/m	点 名	X/m	Y/m
1	4 957.219	3 588.478	4	4 644.025	3 763.977
2	4 870.578	3 989.619	5	4 730.524	3 903.416
3	4 810.101	3 796.972			

$\alpha_{31}=$ $\alpha_{32}=$

$\alpha_{34}=$ $\alpha_{35}=$

17. 在相同的观测条件下，对某段距离丈量了5次，各次丈量的长度分别为139.413m、139.435m、139.420m、139.428m、139.444m。试求以下值。

(1) 距离的算术平均值。

(2) 观测值的中误差。

(3) 算术平均值的中误差。

(4) 算术平均值的相对中误差。

【解】 $\bar{l}=$ ；$m=$ ；$m_{\bar{l}}=$ ；$K_{\bar{l}}=$ 。

18. 用钢尺往、返丈量了一段距离，其平均值为167.38m，要求量距的相对误差为1/15 000，问往、返丈量这段距离的绝对误差不能超过多少?

【解】 $\frac{\Delta}{D}<\frac{1}{15\ 000}$，$\Delta=D/15\ 000=$

19. 已知交点里程为K3+182.76，转角 $\Delta_R=25°48'$，圆曲线半径 $R=300$m，试计算曲线测设元素与主点里程。

【解】 曲线测设元素计算如下。

$T=R\tan(\Delta/2)=$ ；$L=R\Delta\frac{\pi}{180}=$ ；$E=R\left(\sec\frac{\Delta}{2}-1\right)=$ ；

$J=2T-L=$ 。

主点里程计算如下。

$ZY=$ ；

$QZ=$ ；

$YZ=$ 。

附录 C

专业技能考试说明及试卷

2014年山东省春季高考土建水利类专业技能考试说明

本专业技能考试说明以山东省教育厅制定的中等职业学校《建筑工程施工专业教学指导方案》《工程造价专业教学指导方案》及国家相关职业技能鉴定规范为依据，结合山东省中等职业学校的教学实际制定。

本考试说明包括与土建水利类专业有关的工程算量、工程测量、施工技术 3 个专业类目，每个专业类目包含 3 个项目，主要测试考生运用有关基础知识和基本方法解决实际问题的能力，以及能够恰当使用设备和工具，熟练完成操作任务的专业基本技能、安全施工、职业规范、节能环保的意识和职业道德行为。以下为工程测量专业类目 3 个项目的内容。

项目 A　水准测量

1. 技能要求

(1) 能正确安置水准仪。

(2) 熟悉水准仪操作规程。

(3) 能正确观测和记录。

(4) 能进行双仪器高法测站检核和测段计算检核。

(5) 会对测量结果进行处理。

(6) 测量精度符合等外水准测量要求。

2. 设备及工具

(1) 自带设备。DS_3 自动安平水准仪 1 套，包括主机和三脚架；签字笔、铅笔、橡皮、小刀、非编程计算器。

(2) 现场提供。水准尺 2 根，辅助立尺人员 2 人，硬质室外场地，记录板，记录和计算表格。

3. 考核时间及考试组织

（1）考试时间。20 分钟。

（2）考试组织。采用现场实际操作形式，测量水准路线并计算待定点的高程。

附：（工程测量）记录表（表 C-1 和表 C-2）。

表 C-1　外业记录表格(示例)

测自________至 ________

测站	观测次数	水准尺读数/mm		高差/m	高差较差/mm	平均高差/m	备注
		后视(a)	前视(b)				
1	第一次观测	1 467		−0.798	−2	−0.799	
			2 265				
	第二次观测	1 544		−0.800			
			2 344				
2	第一次观测	2 230		+1.014	+4	+1.012	
			1 216				
	第二次观测	2 347		+1.010			
			1 337				
检核计算		10 835	9 267	1.568		+0.784	

表 C-2　高程计算表格(示例)

点号	测段测站 n_i	观测高差 h_i/m	高差改正数 v_{hi}/m	改正后高差 H_i'/m	高程 H/m	备注
BM01					23.231	已知
BM02						
BM03						
BM01					23.231	已知
$\sum$						
计算检核	$f_h=$ $f_{h容}=$					

项目B 角度测量

1. 技能要求

（1）能正确安置经纬仪。

（2）熟悉经纬仪操作规程。

（3）能使用测回法正确的观测、记录和计算水平角。

（4）会计算多边形的闭合差。

2. 设备及工具

（1）自带设备。2秒级电子经纬仪(或电子全站仪)1套，包括主机和三脚架；签字笔、铅笔、橡皮、小刀、非编程计算器。

（2）现场提供。测钎2根，辅助人员1人，硬质室外场地，记录板，记录表格。

3. 考核时间及考试组织

（1）考试时间。20分钟。

（2）考试组织。采用现场实际操作形式，测量多边形的内角并计算闭合差(表C-3)。

表C-3 测回法观测水平角记录表(示例)

测站	竖盘位置	目标	水平度盘读数/(° ′ ″)	半测回角值/(° ′ ″)	一测回角值/(° ′ ″)
	左				
	右				
	左				
	右				
	左				
	右				
	左				
	右				

计算：实测多边形内角和 $\beta_{测}=$ 多边形内角和 $\beta_{理}=$

多边形内角和闭合差 $f_{\beta}=$

项目C　坐标测量

1. 技能要求

（1）能正确安置经纬仪。

（2）熟悉经纬仪操作规程。

（3）能正确使用测回法观测、记录和计算水平角。

（4）能用钢尺测量距离。

（5）会计算和推算方位角。

（6）会计算坐标。

2. 设备及工具

（1）自带设备。2秒级电子经纬仪(或电子全站仪，全站仪只能测角，不能用于测距，测距只能用钢尺)1套，包括主机和三脚架；签字笔、铅笔、橡皮、小刀、非编程计算器。

（2）现场提供。测钎2根，辅助人员1人，钢尺1把，硬质室外场地，记录板，记录和计算表格。

3. 考核时间及考试组织

（1）考试时间。20分钟。

（2）考试组织。采用现场实际操作形式，观测水平角、水平距离、推算(或计算)方位角并计算待定点的坐标(表C-4～表C-6)。

表C-4　测回法观测水平角记录表(示例)

<table>
<tr><th>测站</th><th>竖盘位置</th><th>目标</th><th>水平度盘读数
/(° ′ ″)</th><th>半测回角值
/(° ′ ″)</th><th>一测回角值
/(° ′ ″)</th></tr>
<tr><td rowspan="4"></td><td rowspan="2">左</td><td></td><td></td><td rowspan="2"></td><td rowspan="4"></td></tr>
<tr><td></td><td></td></tr>
<tr><td rowspan="2">右</td><td></td><td></td><td rowspan="2"></td></tr>
<tr><td></td><td></td></tr>
</table>

表C-5　距离(平距)测量记录表(示例)

起止点名	测量值$_1$/m	测量值$_2$/m	测量值$_3$/m	平均值/m

表 C－6 坐标计算表(示例)

点号	观测角 /(° ′ ″)	坐标方位角 /(° ′ ″)	距离 /m	坐标增量		坐标值		点号
				Δx/m	Δy/m	$\hat{x}$/m	$\hat{y}$/m	
$\sum$								

济南市2011—2012学年高级测量人员《工程测量》试卷

适用：职业类测量员（100分钟）

地区：________ 考号：________ 姓名：________

题号	一	二	三	四	五	六	七	八	总分
得分									

一、选择题（单选题每题1分，共80分）（请将选择题答案填写在答题卡上）

1. 在高斯6°投影带中带号为N的投影带的中央子午线的经度λ的计算公式（　　）。

A. $\lambda=6N$　　B. $\lambda=3N$　　C. $\lambda=6N-3$　　D. $\lambda=3N-3$

2. 测量上所选用的平面直角坐标系，规定x轴正向指向（　　）。

A. 东方向　　B. 南方向　　C. 西方向　　D. 北方向

3. 在地形图上，量得A点高程为21.17m，B点高程为16.84m，AB距离为279.50m，则直线AB的坡度为（　　）。

A. 6.8%　　B. 1.5%　　C. −1.5%　　D. −6.8%

4. 进行水准仪i角检验时，A、B两点相距80m，将水准仪安置在A、B两点中间，测得高差$h_{AB}=0.125$m，将水准仪安置在距离B点2～3m的地方，测得的高差为$h'_{AB}=0.186$m，则水准仪的i角为（　　）。

A. 157″　　B. −157″　　C. 0.000 76″　　D. −0.000 76″

5. 附合水准路线高差闭合差的计算公式为（　　）。

A. $f_h=h_{往}-h_{返}$　　B. $f_h=\sum h$

C. $f_h=\sum h-(H_{终}-H_{始})$　　D. $f_h=H_{终}-H_{始}$

6. 往返水准路线高差平均值的正负号是以（　　）的符号为准。

A. 往测高差　　B. 返测高差

C. 往返测高差的代数和　　D. 以上三者都不正确

7. 水中桥墩中心位置的测设一般采用（　　）进行。

A. 极坐标法　　B. 角度交会法

C. 距离交会法　　D. 直角坐标法

8. 产生视差的原因是（　　）。

A. 仪器校正不完善　　B. 物像与十字丝面未重合

C. 十字丝分划板不正确　　D. 目镜呈像错误

9. 一把名义长为30m的钢卷尺，实际长为30.005m，每量一整尺段误差为5mm，此误差属于（　　）。

A. 系统误差　　B. 中误差　　C. 相对误差　　D. 偶然误差

10. 水平面是指与水准面（　　）的平面。

A. 相交　　B. 平行　　C. 相切　　D. 垂直

11. 厂房杯形基础杯底找平的目的是(　　)。

A. 便于吊装柱子　　B. 使杯底标高符合设计高程
C. 使牛腿面符合设计高程　　D. 使柱子容易垂直

12. 三、四等水准测量观测顺序为(　　)。

A. 前—前—后—后　　B. 后—后—前—前
C. 后—前—前—后　　D. 前—后—后—前

13. 建筑场地的施工平面控制网的主要形式，有建筑方格网、导线和(　　)。

A. 建筑基线　　B. 建筑红线　　C. 建筑轴线　　D. 建筑法线

14. 水准测量时，为了消除 i 角误差对一测站高差值的影响，可将水准仪置在(　　)。

A. 靠近前尺　　B. 两尺中间　　C. 靠近后尺　　D. 无所谓

15. 经纬仪视准轴检验和校正的目的是(　　)。

A. 使横轴垂直于竖轴　　B. 使视准轴垂直横轴
C. 使视准轴平行于水准管轴　　D. 使视准轴平行于横轴

16. 当水平距离为10km时，以水平面代替水准面所产生的距离误差仅为(　　)。

A. 1/50 000　　B. 1/100 000
C. 1/1 000 000　　D. 1/1 200 000

17. 测量竖直角时，采用盘左、盘右观测，其目的之一是可以消除(　　)误差的影响。

A. 对中　　B. 视准轴不垂直于横轴
C. 整平　　D. 指标差

18. ±0.000标高线(　　)。

A. 绝对高程　　B. 基底标高
C. 视线高程　　D. 一层地面标高

19. 用经纬仪观测水平角时，尽量照准目标的底部，其目的是为了消除(　　)误差对测角的影响。

A. 对中　　B. 照准
C. 目标偏离中心　　D. 整平

20. 为方便钢尺量距工作，有时要将直线分成几段进行丈量，这种把多根标杆标定在直线上的工作，称为(　　)。

A. 定向　　B. 定线　　C. 定段　　D. 定标

21. 在6°高斯投影中，我国为了避免横坐标出现负值，故规定将坐标纵轴向西平移(　　)km。

A. 100　　B. 300　　C. 500　　D. 700

22. 绝对高程的起算面是(　　)。

A. 水平面　　B. 大地水准面
C. 假定水准面　　D. 大地水平面

23. 测量规范规定以(　　)倍中误差作为限差。

A. 1　　B. 2　　C. 3　　D. 4

24. 建筑物平面位移观测的基线，应(　　)于建筑物移动方向。

A. 垂直　　B. 平行　　C. 倾斜　　D. 都可

25. 柱与梁板同时现浇，柱中线投测到柱顶，可用(　　)投测。

A. 借线法　　B. 吊线法　　C. 经纬仪法　　D. 弹线法

26. 中误差不是真误差，(　　)。

A. 它是偶然误差的特性　　B. 它是中误差的平均值

C. 它是 n 个真误差的代表　　D. 它是 n 个系统误差的代表

27. 全站仪由光电测距仪、电子经纬仪和(　　)组成。

A. 电子水准仪　　B. 坐标测量仪

C. 读数感应仪　　D. 数据处理系统

28. 柱安装前需弹设出柱(　　)侧面的中心线。

A. 一个　　B. 二个　　C. 三个　　D. 四个

29. 把图样上设计好的建筑物、构筑物的平面和高程位置，按设计要求标定在地面上，作为(　　)施工的依据。

A. 测定　　B. 测量　　C. 测绘　　D. 测设

30. 经纬仪整平时，(　　)。

A. 管水准器与圆水准器气泡同时居中　　B. 转动脚螺旋，圆水准器气泡居中

C. 转动微倾螺旋，管水准器气泡居中　　D. 转动脚螺旋，管水准器气泡居中

31. 全站仪由电子测角、电子测距、电子补偿、(　　)四大部分组成。

A. 微机处理装置　　B. 电子水准仪

C. 电子接收仪　　D. 电子度数仪

32. 用15MHz光波频率测距，光尺长度为(　　)。

A. 10m　　B. 10mm　　C. 10cm　　D. 10km

33. 用全站仪进行距离或坐标测量前，需要设置正确的大气改正数，设置方法可以直接输入测量时的温度和(　　)。

A. 气压　　B. 湿度　　C. 海拔　　D. 风力

34. 用全站仪进行距离或坐标测量前，不仅需要设置正确的气象改正数，还要设置(　　)。

A. 天顶距　　B. 湿度　　C. 棱镜长度　　D. 温度

35. 根据全站仪测量坐标原理，全站仪在测站点瞄准后视点后，方向值设置为(　　)。

A. 测站点至后视点的方位角　　B. 设置为0°

C. 后视点至测站点的方位角　　D. 设置为180°

36. 全站仪测量点的高程原理是(　　)。

A. 水准测量原理　　B. 导线测量原理

C. 三角测量原理　　D. 三角高程测量原理

37. 组合式全站仪中，视准轴、光发射轴、光接收轴三者关系正确的是(　　)。

A. 视准轴与光发射轴同轴　　B. 光发射轴与光接收轴同轴

C. 视准轴与光接收轴同轴　　D. 三者都不对

38. 在用全站仪角度测量时，若不输入棱镜常数和大气改正数则(　　)所测量值。

A. 影响　　B. 水平角影响，竖直角不影响

C. 不影响　　D. 竖直角影响，不水平角影响

39. 在用全站仪点位放样时，若棱镜高和仪器高输入错误则(　　)放样点的平面位置。

A. 影响　　B. 盘左影响，盘右不影响

C. 不影响　　D. 盘左不影响，盘右影响

40. 全站仪的最重要技术指标有：测角精度、最大测程、放大倍率和(　　)。

A. 最小测程　　B. 缩小倍率　　C. 测距精度　　D. 自动化程度

41. 光电测距仪测距的基本公式(　　)。

A. $\frac{1}{2}ct_{2D}$　　B. ct_{2D}　　C. nd　　D. $\frac{\lambda}{2}(N+\Delta N)$

42. 当全站仪在角度测量中设置为左角测量时，全站仪的读盘计数增加方向是(　　)。

A. 逆时针　　B. 顺时针　　C. 左方向　　D. 右方向

43. 全站仪电子补偿器检测到的是仪器(　　)在视准轴的方向和横轴方向上的分量。

A. 竖轴倾斜　　B. 视准轴误差

C. 横轴误差　　D. 光学对点器误差

44. 全站仪偏心测量的目的是(　　)。

A. 测量待测点的坐标　　B. 放样待测点的位置

C. 测量后视点的坐标　　D. 放样后视点的位置

45. 光学经纬仪基本结构由(　　)。

A. 照准部、度盘、辅助部件三大部分构成

B. 照准部、度盘、基座三大部分构成

C. 度盘、辅助部件、基座三大部分构成

D. 照准部、水准器、基座三大部分构成

46. 观测水平角时，采用改变各测回之间水平度盘起始位置读数的办法，可以削弱(　　)的影响。

A. 度盘偏心误差　　B. 度盘刻划不均匀误差

C. 照准误差　　D. 对中误差

47. 水准点高程为24.397m，测设高程为25.000m的室内地坪。设水准点上读数为1.445m，则室内地坪处的读数为(　　)m。

A. 1.042　　B. 0.842　　C. 0.642　　D. 0.602

48. 一测站水准测量基本操作中的读数之前(　　)的一操作。

A. 必须做好安置仪器，粗略整平，瞄准标尺的工作

B. 必须做好安置仪器，瞄准标尺，精确整平的工作

C. 必须做好精确整平的工作

D. 必须做好安置仪器，粗略整平的工作

49. 经纬仪导线外业测量工作的主要内容是(　　)。

A. 踏查选点并设立标志，距离测量，角度测量，导线边的定向

B. 安置仪器，粗略整平，精平与读数

C. 距离测量，高差测量

D. 导线测量

50. 等高距是指相邻两等高线之间的(　　)。

A. 水平距离　　B. 高差　　C. 坡度　　D. 高程

51. 在水准测量中转点的作用是传递(　　)。

A. 方向　　B. 高程　　C. 距离　　D. 坡度

52. 直线方位角与该直线的反方位角相差(　　)。

A. 180°　　B. 360°　　C. 90°　　D. 270°

53. 路线中平测量是测定路线(　　)的高程。

A. 水准点　　B. 转点　　C. 各中桩　　D. 终点

54. 基平水准点设置的位置应选择在(　　)。

A. 路中心线上　　B. 施工范围内

C. 施工范围以外　　D. 路基上

55. 路线中平测量的观测顺序是(　　)，转点的高程读数读到毫米位，中桩点的高程读数读到厘米位。

A. 沿路线前进方向按先后顺序观测

B. 先观测中桩点，后观测转点

C. 先观测转点高程后观测中桩点高程

D. 先观测中桩点，后观测中点

56. 采用偏角法测设圆曲线时，其偏角应等于相应弧长所对圆心角的(　　)。

A. 2倍　　B. 1/2　　C. 2/3　　D. 5倍

57. 公路中线测量在纸上定好线后，用穿线交点法在实地放线的工作程序为(　　)。

A. 放点、穿线、交点　　B. 计算、放点、穿线

C. 计算、交点、放点　　D. 都可以

58. 导线的布置形式有(　　)。

A. 一级导线、二级导线、图根导线　　B. 单向导线、往返导线、多边形导线

C. 闭合导线、附和导线、支导线　　D. 往返导线、循环导线

59. 导线坐标增量闭合差的调整方法是将闭合差反符号后(　　)。

A. 按角度个数平均分配　　B. 按导线边数平均分配

C. 按边长成正比例分配　　D. 按边长成反比例分配

60. 小三角测量的外业主要工作为(　　)。

A. 角度测量　　B. 基线丈量

C. 选点、测角、量基线　　D. 距离测量

61. 一组闭合的等高线是山丘还是盆地，可根据(　　)来判断。

A. 助曲线　　B. 首曲线　　C. 高程注记　　D. 渐曲线

62. 在比例尺为1∶2 000，等高距为2m的地形图上，如果按照指定坡度$i=5\%$，从坡脚A到坡顶B来选择路线，其通过相邻等高线时在图上的长度为(　　)

A. 10mm　　B. 20mm　　C. 25mm　　D. 30mm

63. 视距测量时用望远镜内视距丝装置，根据几何光学原理同时测定两点间的(　　)的方法。

A. 距离和高差　　B. 水平距离和高差

C. 距离和高程　　D. 倾斜角划算

64. 在全圆测回法的观测中，同一盘位起始方向的两次读数之差称为(　　)。

A. 归零差　　B. 测回差　　C. 2C 互差　　D. 误差

65. 四等水准测量中，黑面高差减红面高差±0.1m应不超过(　　)。

A. 2mm　　B. 3mm　　C. 5mm　　D. 7mm

66. 经纬仪对中误差属(　　)。

A. 偶然误差　　B. 系统误差　　C. 中误差　　D. 操作误差

67. 尺长误差和温度误差属(　　)。

A. 偶然误差　　B. 系统误差　　C. 中误差　　D. 操作误差

68. 测定一点竖直角时，若仪器高不同，但都瞄准目标同一位置，则所测竖直角(　　)。

A. 相同　　B. 不同

C. 可能相同也可能不同　　D. 与仪器有关

69. 竖直指标水准管气泡居中的目的是(　　)。

A. 使度盘指标处于正确位置

B. 使竖盘处于铅垂位置

C. 使竖盘指标指向 90°

D. 使竖盘指标指向 0°

70. 经纬仪的竖盘按顺时针方向注记，当视线水平时，盘左竖盘读数为 90°，用该仪器观测一高处目标，盘左读数为 75°10′24″，则此目标的竖角为(　　)。

A. 57°10′24″　　B. −14°49′36″

C. 14°49′36″　　D. −57°10′24″

71. 在经纬仪照准部的水准管检校过程中，先整平后再绕竖轴旋转 180°后，气泡偏离零点，说明(　　)。

A. 水准管不平行于横轴

B. 仪器竖轴不垂直于横轴

C. 水准管轴不垂直于仪器竖轴

D. 视准轴不垂直于竖轴

72. 用回测法观测水平角，测完上半测回后，发现水准管气泡偏离 1 格多，在此情况下应(　　)。

A. 继续观测下半测回　　B. 整平后观测下半测回

C. 整平后全部重测　　D. 查明原因再重测

73. 采用盘左、盘右的水平角观测方法，可以消除(　　)误差。

A. 对中　　B. 十字丝的竖丝不铅垂

C. 2C　　D. 整平

74. 坐标方位角是以(　　)为标准方向，顺时针转到测线的夹角。

A. 真子午线方向　　B. 磁子午线方向
C. 坐标纵轴方向　　D. 北方向

75. 沉降观测的特点是(　　)。
A. 一次性　　B. 周期性　　C. 随机性　　D. 指定性

76. 一般塔式建筑物的倾斜观测有(　　)。
A. 纵横轴线法　　B. 沉降量计算法
C. 直接投影法　　D. 水平投影法

77. 水下地形点的高程测量方法是(　　)。
A. 用水准测量法　　B. 用三角高程法
C. 水面高程减去该点水深　　D. 倾斜投影法

78. 山脊线也称(　　)。
A. 示坡线　　B. 集水线　　C. 山谷线　　D. 分水线

79. 坐标方位角的取值范围为(　　)。
A. 0°～270°　　B. －90°～90°　　C. 0°～360°　　D. －180°～180°

80. A 点的高斯坐标为 $x_A = 112\ 240\text{m}$，$y_A = 19\ 343\ 800\text{m}$，则 A 点所在6°带的带号及中央子午线的经度分别为(　　)。
A. 11带，66　　B. 11带，63　　C. 19带，117　　D. 19带，111

二、判断题(每题1分，共20分，对的打√，错的打×)

1. 视准轴是目镜光心与物镜光心的连线。(　　)
2. 变形观测只有基础沉降与倾斜观测。(　　)
3. 对高层建筑主要进行水平位移和倾斜观测。(　　)
4. 圆曲线的主要点为直圆点、曲中点、圆直点。(　　)
5. 空间相交的两条直线所构成的角称为水平角。(　　)
6. 用一般方法测设水平角时，应采用盘左盘右取中的方法。(　　)
7. 测量工作中采用的平面直角坐标系与数学上平面直角坐标系完全一致。(　　)
8. 面积不大的居住建筑小区，多采用方格网形的控制网作为施工测量的平面控制。(　　)
9. 经纬仪测量水平角时，用竖丝照准目标点；测量竖直角时，用横丝照准目标点。(　　)
10. 各种外业测量手簿，字迹要清楚、整齐、美观、不得涂改、擦改、转抄。(　　)
11. 利用正倒镜观测取平均值的方法，可以消除竖盘指标差的影响。(　　)
12. 测量工作的任务是测绘和测设。(　　)
13. 实测1∶1 000地形图时，对点误差不得大于5cm。(　　)
14. 地面点的空间位置是由水平角和竖直角决定的。(　　)
15. 地面上点的标志常用的有临时性标志和永久性标志。(　　)
16. 水准仪的水准管气泡居中时视准轴一定是水平的。(　　)
17. 施测水平角用方向观测法观测，盘右时应顺时针依次照准目标。(　　)

18. 用“正倒镜分中法”精确延长直线，是为了消除视准轴不垂直于横轴的误差。 （　）

19. 地物在地形图上的表示方法分为等高线、半比例符号、非比例符号。 （　）

20. 地籍控制测量的布网原则是先局部后整体，先碎部后控制。 （　）

济南市 2011—2012 学年高级测量人员《工程测量实操》试卷

适用：职业类测量员（100 分钟）

地区：__________ 考号：__________ 姓名：__________ 成绩：__________

一、水准测量外业观测

变动仪器高法水准测量往返观测记录表

测站	点号	后视度数/m	前视度数/m	高差/m	观测高差差值(≤±6mm)/m	高差平均值
1	A					
	TP_1					
	TP_1					
	A					
2	TP_1					
	B					
	B					
	TP_1					
3	TP_1					
	B					
	B					
	TP_1					
4	A					
	TP_1					
	TP_1					
	A					

二、内业计算

往、返观测水准路线成果计算表

往返测段	点号	测段编号	测站数	实测高差/m	改正数/m	改正后高差/m	高程/m
往测	A						156.00
	B	A—B					
$\sum$							
	B	B—A					
	A						
$\sum$							
辅助计算	往测：$f_{容}=$ $f_h=$ 返测：$f_{容}=$ $f_h=$						

三、经纬测量

1）几何三角形观测

（1）观测∠*AOB*角值。

（2）观测∠*OAB*角值。

（3）观测∠*ABO*角值。

（4）计算三角形*AOB*的角值是否等于180°。

2）将观测值填写几何三角形记录表

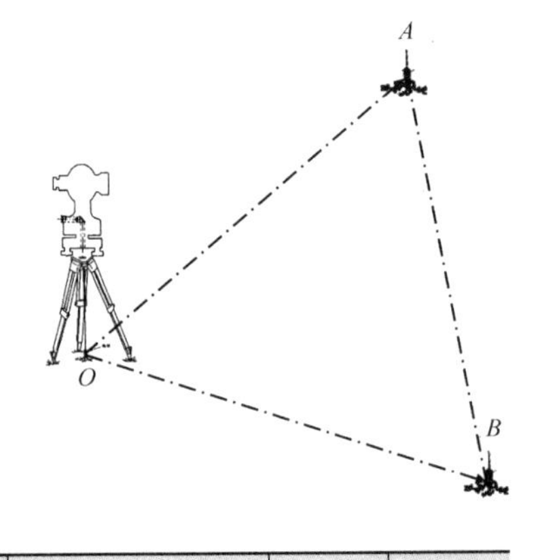

几何三角形记录表

测站	盘位	目标	水平角度数/(° ′ ″)	水平角观测值 半测回值/(° ′ ″)	水平角观测值 一测回值/(° ′ ″)	观测三角形*AOB*与180°的差值/(° ′ ″)	调整数	改正后一测回值/(° ′ ″)
O	盘左	*a*						
		b						
	盘右	*b*						
		a						
A	盘左	*b*						
		o						
	盘右	*o*						
		b						
B	盘左	*o*						

四、全站仪定位放线

将建筑物按图测设与地面。

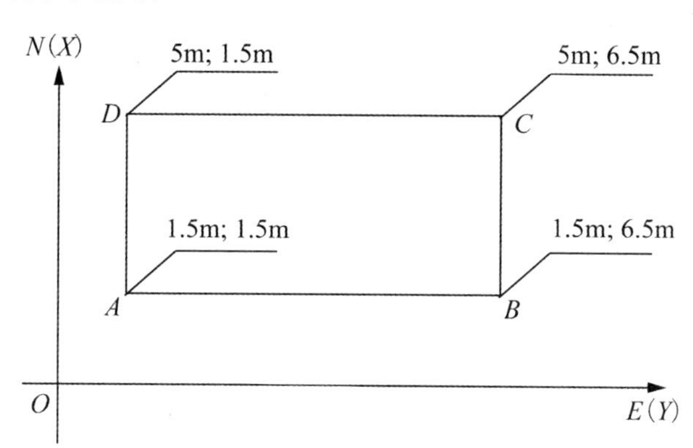

附录 D

工程测量仪器操作规程

一、水准仪操作规程

（1）先要检查三脚架和仪器。

① 三脚架检查是否能够伸缩，能否固定。

② 仪器检查。

整平：转动照准部，使圆水准器位于一只脚螺旋的上方，转动另外两只脚螺旋，两手相对的方向转动两个脚螺旋(即两手同时向外或同时向里转动两只脚螺旋)，使圆水准器气泡居中。气泡的移动方向与左手拇指的移动方向一致。再转动第三只脚螺旋使圆水准器居中，再旋转 180°看气泡是否还居中，如果有问题及时更换仪器。

（2）正确将仪器拿到指定位置(一肩背三脚架，一手提仪器盒或带子)。

（3）选定测站位置，测量员肩背三脚架、手提仪器箱，随走随看 A 测点后视尺和 B 点前视尺，走到后视尺至前视尺大体中间位置安置仪器。

（4）安置三脚架。

要求：松开三脚架腿的固定螺旋，左手提起架头使三个架腿一样高，高度一般与胸高一致，拧紧固定螺旋，打开三脚架、架头大致水平。

（5）安置仪器。从仪器箱中取出仪器安放在三脚架上固定链接螺旋。

① 整平。转动照准部，使圆水准器位于一只脚螺旋的上方，转动另外两只脚螺旋，两手相对的方向转动两个脚螺旋(即两手同时向外或是同时向里转动两只脚螺旋)，使圆水准器气泡居中。气泡的移动方向与左手拇指的移动方向一致。再转动第三只脚螺旋使圆水准器居中，再旋转 180°看气泡是否还居中，如果有问题及时更换仪器。

② 转动照准部约 90°，转动第三个脚螺旋，使水准管的气泡严格居中。再将照准部转回原来的位置，检查气泡是否居中；若不居中，反复重复上述操作，直至气泡居中。

（6）调焦照准。

① 目镜对光。调节目镜螺旋使十字丝清晰。

② 粗略照准。利用望远镜筒上的粗瞄器或照门准星瞄准目标，然后拧紧望远镜制动螺旋和水平制动螺旋。

③ 物镜对光。转动物镜对光螺旋使目标景象清晰，并消除视差。

④ 精确照准目标。转动水平微动螺旋用十字丝纵丝瞄准水准尺中间。

(7) 读数。精确至 mm。

(8) 高差。两次仪器高法。

(9) 搬站。收好三脚架，左手拿三脚架，右手托着水准仪走到第二测站。

(10) 结束。计算完成后收好仪器放置仪器箱，收好三脚架，肩背三脚架，手提仪器箱放到指定位置。

内业计算见表 D-1 和表 D-2。

表 D-1 高差计算表格

测站	观测次数	水准尺读数/mm		高差/m	高差较差/mm	平均高差/m	备注
		后视(a)	前视(b)				
1	第一次观测	1 467		−0.798	−2	−0.799	
			2 265				
	第二次观测	1 544		−0.800			
			2 344				
2	第一次观测	2 230		+1.014	+4	+1.012	
			1 216				
	第二次观测	2 347		+1.010			
			1 337				
检核计算		10 835	9 267	1.568		+0. 784	

(1) 高差=后视读数−前视读数。

(2) 高差较差=同一测站两高差之差，即−0. 800−(−0. 798)=−2。

(3) 平均高差=同一测站两高差的平均值，即 $\frac{-0.798+(-0.800)}{2}=-0.799$。

注意

符号要对应。

表 D-2 高程计算表格(示例)

点号	测段测站	观测高差	高差改正数	改正后高差	高程	备注
	n_i	h_i/m	v_{hi}/m	H_i'/m	H/m	
BM01					23. 231	已知
BM02						
BM03						
BM01					23. 231	已知
$\sum$						
计算检核	$f_h=$ $f_{h容}=\pm 40\sqrt{L}$ (mm,平地); $\pm 12\sqrt{n}$ (mm,山地) $\lvert \sum h \rvert < \lvert \sum h_{容} \rvert$ 精度合格 $V=-\frac{f_h}{\sum L \cdot l}$					

（1）闭合水准路线 $f_h = \sum h_{测}$。

（2）附合水准路线 $f_h = \sum h_{测} - (H_{终} - H_{始})$。

（3）支水准路线 $f_h = |\sum h_{往}| - |\sum h_{返}|$。

二、经纬仪的操作规程

1. 对中

对中的目的是使经纬仪水平度盘分划中心安置在测站点标志中心的铅垂线上。

操作步骤如下。

（1）垂球对中法。松开三脚架腿的固定螺旋，提起架头使三个架腿一样高，高度一般与胸高或略矮于胸部，拧紧固定螺旋，打开三脚架、架头大致水平，在三脚架的连接螺旋上悬挂垂球，平移三脚架使垂球尖对准测站中心，这样架头中心和站点标志中心在同一铅垂线上。安置仪器，先调节三个脚螺旋基本一样高，再将三脚架连接螺旋与仪器固定。先通过光学对点器看地面的测站中心是否在视线范围，如在视线范围，先整平，如不在视线范围内重新卸下仪器，重复垂球对中。

（2）目测对中法。松开三脚架腿的固定螺旋，提起架头使三个架腿一样高，高度根据观测者身高确定，一般略低于胸部，拧紧三个脚腿固定螺旋。打开三脚架使架头大致水平，中指调平连接板，闭上右眼，使左眼靠近架头连接孔，平移架头使架头中心初步对准测站标志中心；再将左眼通过连接孔中心与地面上测量标志中心在同一铅垂线上重合，架头大致水平。然后，开箱取出仪器，调节三个脚螺旋一样高，连接在三脚架架头中心上。

（3）施工现场对中法。松开三脚架腿的固定螺旋，提起架头使三个架腿一样高，要在三脚架的连接螺旋上悬挂垂球，先使垂球对准测站中心，再将三脚架的两个脚腿拆入土中，最后调节第三只脚腿的长度，使架头大致水平垂球对准测站中心后，再拧紧脚腿的固定螺旋，拆入土中。然后，开箱取出仪器，调节三个脚螺旋一样高，连接在三脚架架头中心上。

2. 整平

（1）转动照准部，使水准管位于圆水准器上方，转动另外两只脚螺旋，两手以相对的方向转动两个脚螺旋，使水准管气泡居中。再转动第三只脚螺旋使圆水准器居中，气泡的移动方向与左手拇指的移动方向一致。

（2）转动照准部约 90°，转动第三个脚螺旋，使水准管的气泡严格居中。再将照准部转回原来的位置，检查气泡是否居中；若不居中，反复重复上述操作，直至气泡居中。在水平角的观测过程中，气泡中心位置偏离整置中心不宜超过一格。

3. 水平角测量

照准目标方法如下。

1）盘左(左手边是竖直读盘位置)

（1）右手拿水平制动螺旋，左手拿望远镜，眼睛看瞄准器瞄准左边目标，右手固定水平制动螺旋。

（2）目镜调焦。调节目镜螺旋使十字丝清晰。

（3）物镜调焦。转动物镜对光螺旋使目标清楚。

（4）精确照准目标。左手将望远镜往下辐射精确照准地面点，右手转动水平微动螺旋，用十字交点或(十字丝纵丝的单丝)照准目标。

注意

必须精确照准地面目标点。

2）盘右(右手边是竖直读盘位置)

(1) 左手拿水平制动螺旋，右手拿望远镜，眼睛看瞄准器瞄准右边目标，左手固定水平制动螺旋。

(2) 目镜调焦。调节目镜螺旋使十字丝清晰。

(3) 物镜调焦。转动物镜对光螺旋使目标清楚。

(4) 精确照准目标。右手将望远镜往下辐射精确照准地面点，左手转动水平微动螺旋，用十字交点或(十字丝纵丝的单丝)照准目标。

注意

必须精确照准地面目标点。

4. 水平角的观测方法

(1) 盘左。竖直度盘在望远镜的左边，即左手能抚摸竖直度盘。先瞄准左边目标起始目标读数为 0°00′00″，顺时针瞄准第二个目标读取度盘读数，如 60°12′00″。

(2) 盘右。竖直度盘在望远镜的左边，即左手能抚摸竖直度盘。再瞄准右边目标读取读数为 240°12′06″，逆时针瞄准第一个目标读取度盘读数，如 180°00′00″。

5. 水平角记录表(见表 D-3)

表 D-3 水平角记录表

测站	竖盘位置	目标	水平度盘读数 /(° ′ ″)	半测回角值 /(° ′ ″)	一测回角值 /(° ′ ″)
O	左	A	0°00′00″	60°12′00″	60°12′03″ 改 60°12′04″
		B	60°12′00″		
	右	A	180°00′00″	60°12′06″	
		B	240°12′06″		
B	左	O	0°00′00″	62°09′58″	62°09′59″ 改 62°10′00″
		A	62°09′58″		
	右	O	180°00′00″	62°10′00″	
		A	242°10′00″		
A	左	B	0°00′00″	57°37′56″	57°37′55″ 改 57°37′56″
		O	57°37′56″		
	右	B	180°00′00″	57°37′54″	
		O	237°37′54″		

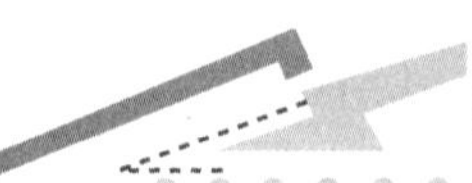

续表

计算：实测多边形内角和 $\beta_{测}$ =179° 58′ 117″ =179° 59′ 57″　　多边形内角和 $\beta_{理}$ =180° 00′ 00″ 多边形内角和闭合差 β=180° 00′ 00″−179° 59′ 57″ = − 03″　改正数：

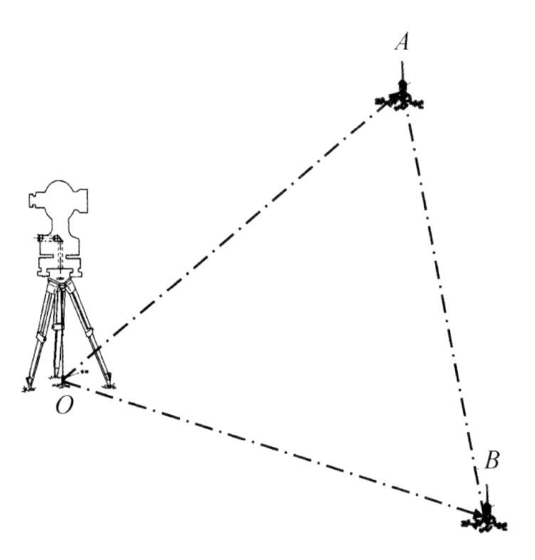

图 D.1　水平角测量示意图

附录 E 测量工作中常用的计量单位

量　名	单位名	符　号	换算关系	量　名	单位名	符　号	换算关系
长度	米 分米 厘米 毫米 千米 海里（只用于航海）	m dm cm mm km n mile	 $1\text{dm}=10^{-1}\text{m}$ $1\text{cm}=10^{-2}\text{m}$ $1\text{mm}=10^{-3}\text{m}$ $1\text{km}=10^{3}\text{m}$ 1n mile=1 852m	平面角	弧度 ［角］秒 ［角］分 度	rad (″) (′) (°)	1 圆周角=2πrad 1″(π/648 000rad) 1′=60″ 1°=60′ ρ°≈57.30° ρ′=3438′ ρ″≈206 265″
面积	平方米 平方千米 公顷 亩	m^2 km^2 ha	 $1\text{km}^2=10^6\text{m}^2$ $1\text{ha}=10^4\text{m}^2$ 1 亩$=666.7\text{m}^2$	时间	秒 分 ［小］时 天	s min h d	 1min=60s 1h=60min 1d=24h
体积	立方米	m^3					

附录 F

测量中的有效单位

1. 有效数字的概念

所谓有效数字具体地说是指在分析工作中实际能够测量到的数字。所谓能够测量到的包括最后一位估计的、不确定的数字。

把通过直读获得的准确数字称为可靠数字，把通过估读得到的那部分数字称为存疑数字，把测量结果中能够反映被测量大小的带有一位存疑数字的全部数字称为有效数字。

2. 数字凑整规则

测量数据在成果计算过程中，往往涉及凑整问题。为了避免凑整误差的积累而影响测量成果的精度，通常采用以下凑整规则。

(1) 被舍去数值部分的首位大于 5，则保留数值最末位加 1。

(2) 被舍去数值部分的首位小于 5，则保留数值最末位不变。

(3) 被舍去数值部分的首位等于 5，则保留数值最末位凑成偶数。

综合上述原则，可表述为：大于 5 则进，小于 5 则舍，等于 5 视前一位数而定，奇进偶不进。例如：下列数字凑整后保留 3 位小数时，3.141 59→3.142(奇进)，2.645 75→2.646(进 1)，1.414 21→1.414(舍去)，7.142 56→7.142(偶不进)。

3. 数字运算规则

1) 加减法

先按小数点后位数最少的数据保留其他各数的位数，再进行加减计算，计算结果也使小数点后保留相同的位数。

例：计算 50.1＋1.45＋0.581 2＝?

修约为 50.1＋1.4＋0.6＝52.1

先修约，结果相同而计算简捷。

例：计算 12.43＋5.765＋132.812＝?

修约为 12.43＋5.76＋132.81＝151.00

注意

用计数器计算后，屏幕上显示的是 151，但不能直接记录，否则会影响以后的修约；

应在数值后添两个 0，使小数点后有两位有效数字。

2）乘除法

先按有效数字最少的数据保留其他各数，再进行乘除运算，计算结果仍保留相同有效数字。

例：计算 0.012 1×25.64×1.057 82＝?

修约为 0.012 1×25.6×1.06＝?

计算后结果为：0.328 345 6，结果仍保留为 3 位有效数字。

记录为 0.012 1×25.6×1.06＝0.328

注意

用计算器计算结果后，要按照运算规则对结果进行修约。

例：计算 2.504 6×2.005×1.52＝?

修约为 2.50×2.00×1.52＝?

计算器计算结果显示为 7.6，只有两位有效数字，但抄写时应在数字后加一个 0，保留 3 位有效数字。

即 2.50×2.00×1.52＝7.60

3）乘方、立方、开方运算

运算结果的有效数字位数与底数的有效位数相同。

4）函数运算

有效数字的四则运算规则是根据不确定度合成理论和有效数字的定义总结出来的。所以，对于对数、三角函数等函数运算，原则上也要从不确定度传递公式出发来寻找其运算规则。当直接测量的不确定度未给出时，其过程可简化为通过改变自变量末位的一个单位，观察函数运算结果的变化情况来确定其有效数字。

5）常数

公式中的常数，如 π、e 等，它们的有效数字位数是无限的，运算时一般根据需要而定。

4. 测量计算的取位

测量内容	高差/m	高程/m	距离/m	方位角/(″)	水平角/(′)或(″)	垂直角/(′)或(″)	坐标增量/m	坐标/m
等外水准测量	0.001	0.001						
四等水准测量	0.000 5	0.001						
三角高程测量	0.01	0.01	0.01			1″		
图根导线测量			0.01	1	1″		0.01	0.01
图根小三角测量			0.01	1	1″		0.01	0.01
碎部测量	0.01 或 0.1	0.01 或 0.1	0.1		1′	1′		
视距测量	0.01	0.01	0.1		1′	1′		
地籍测量			0.01	1	1″		0.01	0.01

参 考 文 献

[1] 李仲．工程测量实训教程［M］．北京：冶金工业出版社，2005.
[2] 尹继明．工程测量实训指导［M］．重庆：重庆大学出版社，2010.
[3] 蓝善勇，等．工程测量实训［M］．北京：中国水利水电出版社，2008.
[4] 王金玲．测量学实训教程［M］．北京：中国电力出版社，2008.
[5] 杨晓平，等．建筑施工测量实训［M］．2 版．武汉：华中科技大学出版社，2012.
[6] 莫南明．建筑工程测量实训教程［M］．重庆：重庆大学出版社，2007.
[7] 杨建光．道路工程测量实训指导书［M］．北京：测绘出版社，2010.
[8] 齐秀廷．道路工程测量实训［M］．北京：机械工业出版社，2011.
[9] 赵景利．建筑工程测量［M］．北京：北京大学出版社，2010.

北京大学出版社高职高专土建系列规划教材

序号	书名	书号	编著者	定价	出版时间	印次	配套情况
			基础课程				
1	工程建设法律与制度	978-7-301-14158-8	唐茂华	26.00	2012.7	6	ppt/pdf
2	建设法规及相关知识	978-7-301-22748-0	唐茂华等	34.00	2014.9	2	ppt/pdf
3	建设工程法规(第2版)	978-7-301-24493-7	皇甫婧琪	40.00	2014.12	2	ppt/pdf/答案/素材
4	建筑工程法规实务	978-7-301-19321-1	杨陈慧等	43.00	2012.1	4	ppt/pdf
5	建筑法规	978-7-301-19371-6	董伟等	39.00	2013.1	4	ppt/pdf
6	建设工程法规	978-7-301-20912-7	王先恕	32.00	2012.7	3	ppt/ pdf
7	AutoCAD 建筑制图教程(第2版)	978-7-301-21095-6	郭 慧	38.00	2014.12	6	ppt/pdf/素材
8	AutoCAD 建筑绘图教程(第2版)	978-7-301-24540-8	唐英敏等	44.00	2014.7	1	ppt/pdf
9	建筑 CAD 项目教程(2010 版)	978-7-301-20979-0	郭 慧	38.00	2012.9	2	pdf/素材
10	建筑工程专业英语	978-7-301-15376-5	吴承霞	20.00	2013.8	8	ppt/pdf
11	建筑工程专业英语	978-7-301-20003-2	韩薇等	24.00	2014.7	2	ppt/ pdf
12	★建筑工程应用文写作(第2版)	978-7-301-24480-7	赵立等	50.00	2014.7	1	ppt/pdf
13	建筑识图与构造(第2版)	978-7-301-23774-8	郑贵超	40.00	2014.12	2	ppt/pdf/答案
14	建筑构造	978-7-301-21267-7	肖 芳	34.00	2014.12	4	ppt/ pdf
15	房屋建筑构造	978-7-301-19883-4	李少红	26.00	2012.1	4	ppt/pdf
16	建筑识图	978-7-301-21893-8	邓志勇等	35.00	2013.1	2	ppt/ pdf
17	建筑识图与房屋构造	978-7-301-22860-9	贠禄等	54.00	2015.1	2	ppt/pdf /答案
18	建筑构造与设计	978-7-301-23506-5	陈玉萍	38.00	2014.1	1	ppt/pdf /答案
19	房屋建筑构造	978-7-301-23588-1	李元玲等	45.00	2014.1	1	ppt/pdf
20	建筑构造与施工图识读	978-7-301-24470-8	南学平	52.00	2014.8	1	ppt/pdf
21	建筑工程制图与识图(第2版)	978-7-301-24408-1	白丽红	29.00	2014.7	1	ppt/pdf
22	建筑制图习题集(第2版)	978-7-301-24571-2	白丽红	25.00	2014.8	1	pdf
23	建筑制图(第2版)	978-7-301-21146-5	高丽荣	32.00	2013.2	4	ppt/pdf
24	建筑制图习题集(第2版)	978-7-301-21288-2	高丽荣	28.00	2014.12	5	pdf
25	建筑工程制图(第2版)(附习题册)	978-7-301-21120-5	肖明和	48.00	2012.8	3	ppt/pdf
26	建筑制图与识图	978-7-301-18806-2	曹雪梅	36.00	2014.9	1	ppt/pdf
27	建筑制图与识图习题册	978-7-301-18652-7	曹雪梅等	30.00	2012.4	4	pdf
28	建筑制图与识图	978-7-301-20070-4	李元玲	28.00	2012.8	5	ppt/pdf
29	建筑制图与识图习题集	978-7-301-20425-2	李元玲	24.00	2012.3	4	ppt/pdf
30	新编建筑工程制图	978-7-301-21140-3	方筱松	30.00	2014.8	2	ppt/ pdf
31	新编建筑工程制图习题集	978-7-301-16834-9	方筱松	22.00	2014.1	2	pdf
			建筑施工类				
1	建筑工程测量	978-7-301-16727-4	赵景利	30.00	2013.8	11	ppt/pdf /答案
2	建筑工程测量(第2版)	978-7-301-22002-3	张敬伟	37.00	2013.5	5	ppt/pdf /答案
3	建筑工程测量实验与实训指导(第2版)	978-7-301-23166-1	张敬伟	27.00	2013.9	2	pdf/答案
4	建筑工程测量	978-7-301-19992-3	潘益民	38.00	2012.2	2	ppt/ pdf
5	建筑工程测量	978-7-301-13578-5	王金玲等	26.00	2011.8	3	pdf
6	建筑工程测量实训（第2版）	978-7-301-24833-1	杨凤华	34.00	2015.1	1	pdf/答案
7	建筑工程测量(含实验指导手册)	978-7-301-19364-8	石 东等	43.00	2012.6	3	ppt/pdf/答案
8	建筑工程测量	978-7-301-22485-4	景 铎等	34.00	2013.6	1	ppt/pdf
9	建筑施工技术	978-7-301-21209-7	陈雄辉	39.00	2013.2	4	ppt/pdf
10	建筑施工技术	978-7-301-12336-2	朱永祥等	38.00	2012.4	7	ppt/pdf
11	建筑施工技术	978-7-301-16726-7	叶 雯等	44.00	2013.5	6	ppt/pdf /素材
12	建筑施工技术	978-7-301-19499-7	董伟等	42.00	2011.9	2	ppt/pdf
13	建筑施工技术	978-7-301-19997-8	苏小梅	38.00	2013.5	3	ppt/pdf
14	建筑工程施工技术(第2版)	978-7-301-21093-2	钟汉华等	48.00	2013.8	5	ppt/pdf
15	数字测图技术	978-7-301-22656-8	赵 红	36.00	2013.6	1	ppt/pdf
16	数字测图技术实训指导	978-7-301-22679-7	赵 红	27.00	2013.6	1	ppt/pdf
17	基础工程施工	978-7-301-20917-2	董伟等	35.00	2012.7	2	ppt/pdf
18	建筑施工技术实训(第2版)	978-7-301-24368-8	周晓龙	30.00	2014.12	2	pdf
19	建筑力学(第2版)	978-7-301-21695-8	石立安	46.00	2014.12	5	ppt/pdf

序号	书名	书号	编著者	定价	出版时间	印次	配套情况
20	★土木工程实用力学	978-7-301-15598-1	马景善	30.00	2013.1	4	pdf/ppt
21	土木工程力学	978-7-301-16864-6	吴明军	38.00	2011.11	2	ppt/pdf
22	PKPM 软件的应用(第 2 版)	978-7-301-22625-4	王　娜等	34.00	2013.6	2	pdf
23	建筑结构(第 2 版)(上册)	978-7-301-21106-9	徐锡权	41.00	2013.4	2	ppt/pdf/答案
24	建筑结构(第 2 版)(下册)	978-7-301-22584-4	徐锡权	42.00	2013.6	2	ppt/pdf/答案
25	建筑结构	978-7-301-19171-2	唐春平等	41.00	2012.6	4	ppt/pdf
26	建筑结构基础	978-7-301-21125-0	王中发	36.00	2012.8	2	ppt/pdf
27	建筑结构原理及应用	978-7-301-18732-6	史美东	45.00	2012.8	1	ppt/pdf
28	建筑力学与结构(第 2 版)	978-7-301-22148-8	吴承霞等	49.00	2014.12	5	ppt/pdf/答案
29	建筑力学与结构(少学时版)	978-7-301-21730-6	吴承霞	34.00	2014.8	3	ppt/pdf/答案
30	建筑力学与结构	978-7-301-20988-2	陈水广	32.00	2012.8	1	pdf/ppt
31	建筑力学与结构	978-7-301-23348-1	杨丽君等	44.00	2014.1	1	ppt/pdf
32	建筑结构与施工图	978-7-301-22188-4	朱希文等	35.00	2013.3	2	ppt/pdf
33	生态建筑材料	978-7-301-19588-2	陈剑峰等	38.00	2013.7	2	ppt/pdf
34	建筑材料(第 2 版)	978-7-301-24633-7	林祖宏	35.00	2014.8	1	ppt/pdf
35	建筑材料与检测	978-7-301-16728-1	梅　杨等	26.00	2012.11	9	ppt/pdf/答案
36	建筑材料检测试验指导	978-7-301-16729-8	王美芬等	18.00	2014.12	7	pdf
37	建筑材料与检测	978-7-301-19261-0	王　辉	35.00	2012.6	5	ppt/pdf
38	建筑材料与检测试验指导	978-7-301-20045-2	王　辉	20.00	2013.1	3	ppt/pdf
39	建筑材料选择与应用	978-7-301-21948-5	申淑荣等	39.00	2013.3	2	ppt/pdf
40	建筑材料检测实训	978-7-301-22317-8	申淑荣等	24.00	2013.4	1	pdf
41	建筑材料	978-7-301-24208-7	任晓菲	40.00	2014.7	1	ppt/pdf /答案
42	建设工程监理概论(第 2 版)	978-7-301-20854-0	徐锡权等	43.00	2014.12	5	ppt/pdf /答案
43	★建设工程监理(第 2 版)	978-7-301-24490-6	斯　庆	35.00	2014.9	1	ppt/pdf /答案
44	建设工程监理概论	978-7-301-15518-9	曾庆军等	24.00	2012.12	5	ppt/pdf
45	工程建设监理案例分析教程	978-7-301-18984-9	刘志麟等	38.00	2013.2	2	ppt/pdf
46	地基与基础(第 2 版)	978-7-301-23304-7	肖明和等	42.00	2014.12	2	ppt/pdf/答案
47	地基与基础	978-7-301-16130-2	孙平平等	26.00	2013.2	3	ppt/pdf
48	地基与基础实训	978-7-301-23174-6	肖明和等	25.00	2013.10	1	ppt/pdf
49	土力学与地基基础	978-7-301-23675-8	叶火炎等	35.00	2014.1	1	ppt/pdf
50	土力学与基础工程	978-7-301-23590-4	宁培淋等	32.00	2014.1	1	ppt/pdf
51	建筑工程质量事故分析(第 2 版)	978-7-301-22467-0	郑文新	32.00	2014.12	3	ppt/pdf
52	建筑工程施工组织设计	978-7-301-18512-4	李源清	26.00	2014.12	7	ppt/pdf
53	建筑工程施工组织实训	978-7-301-18961-0	李源清	40.00	2014.12	4	ppt/pdf
54	建筑施工组织与进度控制	978-7-301-21223-3	张廷瑞	36.00	2012.9	3	ppt/pdf
55	建筑施工组织项目式教程	978-7-301-19901-5	杨红玉	44.00	2012.1	2	ppt/pdf/答案
56	钢筋混凝土工程施工与组织	978-7-301-19587-1	高　雁	32.00	2012.5	2	ppt/pdf
57	钢筋混凝土工程施工与组织实训指导(学生工作页)	978-7-301-21208-0	高　雁	20.00	2012.9	1	ppt
58	建筑材料检测试验指导	978-7-301-24782-2	陈东佐等	20.00	2014.9	1	ppt
59	★建筑节能工程与施工	978-7-301-24274-2	吴明军等	35.00	2014.11	1	ppt/pdf
60	建筑施工工艺	978-7-301-24687-0	李源清等	49.50	2015.1	1	pdf/ppt/答案
61	建筑材料与检测(第 2 版)	978-7-301-25347-2	梅　杨等	33.00	2015.2	1	pdf/ppt/答案
	工程管理类						
1	建筑工程经济(第 2 版)	978-7-301-22736-7	张宁宁等	30.00	2014.12	6	ppt/pdf/答案
2	★建筑工程经济(第 2 版)	978-7-301-24492-0	胡六星等	41.00	2014.9	1	ppt/pdf/答案
3	建筑工程经济	978-7-301-24346-6	刘晓丽等	38.00	2014.7	1	ppt/pdf/答案
4	施工企业会计(第 2 版)	978-7-301-24434-0	辛艳红等	36.00	2014.7	1	ppt/pdf/答案
5	建筑工程项目管理	978-7-301-12335-5	范红岩等	30.00	2012. 4	9	ppt/pdf
6	建设工程项目管理(第 2 版)	978-7-301-24683-2	王　辉	36.00	2014.9	1	ppt/pdf/答案
7	建设工程项目管理	978-7-301-19335-8	冯松山等	38.00	2013.11	3	pdf/ppt
8	★建设工程招投标与合同管理(第 3 版)	978-7-301-24483-8	宋春岩	40.00	2014.12	2	ppt/pdf/答案/试题/教案
9	建筑工程招投标与合同管理	978-7-301-16802-8	程超胜	30.00	2012.9	2	pdf/ppt

序号	书名	书号	编著者	定价	出版时间	印次	配套情况
10	工程招投标与合同管理实务	978-7-301-19035-7	杨甲奇等	48.00	2011.8	3	pdf
11	工程招投标与合同管理实务	978-7-301-19290-0	郑文新等	43.00	2012.4	2	ppt/pdf
12	建设工程招投标与合同管理实务	978-7-301-20404-7	杨云会等	42.00	2012.4	2	ppt/pdf/答案/习题库
13	工程招投标与合同管理	978-7-301-17455-5	文新平	37.00	2012.9	1	ppt/pdf
14	工程项目招投标与合同管理(第2版)	978-7-301-24554-5	李洪军等	42.00	2014.12	2	ppt/pdf/答案
15	工程项目招投标与合同管理(第2版)	978-7-301-22462-5	周艳冬	35.00	2014.12	3	ppt/pdf
16	建筑工程商务标编制实训	978-7-301-20804-5	钟振宇	35.00	2012.7	1	ppt
17	建筑工程安全管理	978-7-301-19455-3	宋　健等	36.00	2013.5	4	ppt/pdf
18	建筑工程质量与安全管理	978-7-301-16070-1	周连起	35.00	2014.12	8	ppt/pdf/答案
19	施工项目质量与安全管理	978-7-301-21275-2	钟汉华	45.00	2012.10	1	ppt/pdf/答案
20	工程造价控制(第2版)	978-7-301-24594-1	斯　庆	32.00	2014.8	1	ppt/pdf/答案
21	工程造价管理	978-7-301-20655-3	徐锡权等	33.00	2013.8	3	ppt/pdf
22	工程造价控制与管理	978-7-301-19366-2	胡新萍等	30.00	2014.12	4	ppt/pdf
23	建筑工程造价管理	978-7-301-20360-6	柴　琦等	27.00	2014.12	4	ppt/pdf
24	建筑工程造价管理	978-7-301-15517-2	李茂英等	24.00	2012.1	4	pdf
25	工程造价案例分析	978-7-301-22985-9	甄　凤	30.00	2013.8	1	pdf/ppt
26	建设工程造价控制与管理	978-7-301-24273-5	胡芳珍等	38.00	2014.6	1	ppt/pdf/答案
27	建筑工程造价	978-7-301-21892-1	孙咏梅	40.00	2013.2	1	ppt/pdf
28	★建筑工程计量与计价(第2版)	978-7-301-22078-8	肖明和等	58.00	2014.12	5	pdf/ppt
29	★建筑工程计量与计价实训(第2版)	978-7-301-22606-3	肖明和等	29.00	2014.12	4	pdf
30	建筑工程计量与计价综合实训	978-7-301-23568-3	龚小兰	28.00	2014.1	1	pdf
31	建筑工程估价	978-7-301-22802-9	张　英	43.00	2013.8	1	ppt/pdf
32	建筑工程计量与计价——透过案例学造价(第2版)	978-7-301-23852-3	张　强	59.00	2014.12	3	ppt/pdf
33	安装工程计量与计价(第3版)	978-7-301-24539-2	冯　钢等	54.00	2014.8	2	pdf/ppt
34	安装工程计量与计价综合实训	978-7-301-23294-1	成春燕	49.00	2014.12	3	pdf/素材
35	安装工程计量与计价实训	978-7-301-19336-5	景巧玲等	36.00	2013.5	4	pdf/素材
36	建筑水电安装工程计量与计价	978-7-301-21198-4	陈连姝	36.00	2013.8	3	ppt/pdf
37	建筑与装饰装修工程工程量清单	978-7-301-17331-2	翟丽旻等	25.00	2012.8	4	pdf/ppt/答案
38	建筑工程清单编制	978-7-301-19387-7	叶晓容	24.00	2011.8	2	ppt/pdf
39	建设项目评估	978-7-301-20068-1	高志云等	32.00	2013.6	2	ppt/pdf
40	钢筋工程清单编制	978-7-301-20114-5	贾莲英	36.00	2012.2	2	ppt / pdf
41	混凝土工程清单编制	978-7-301-20384-2	顾　娟	28.00	2012.5	1	ppt / pdf
42	建筑装饰工程预算	978-7-301-20567-9	范菊雨	38.00	2013.6	2	pdf/ppt
43	建设工程安全监理	978-7-301-20802-1	沈万岳	28.00	2012.7	1	pdf/ppt
44	建筑工程安全技术与管理实务	978-7-301-21187-8	沈万岳	48.00	2012.9	2	pdf/ppt
45	建筑工程资料管理	978-7-301-17456-2	孙　刚等	36.00	2014.12	5	pdf/ppt
46	建筑施工组织与管理(第2版)	978-7-301-22149-5	翟丽旻等	43.00	2014.12	3	ppt/pdf/答案
47	建设工程合同管理	978-7-301-22612-4	刘庭江	46.00	2013.6	1	ppt/pdf/答案
48	★工程造价概论	978-7-301-24696-2	周艳冬	31.00	2015.1	1	ppt/pdf/答案
建筑设计类							
1	中外建筑史(第2版)	978-7-301-23779-3	袁新华等	38.00	2014.2	2	ppt/pdf
2	建筑室内空间历程	978-7-301-19338-9	张伟孝	53.00	2011.8	1	pdf
3	建筑装饰CAD项目教程	978-7-301-20950-9	郭　慧	35.00	2013.1	2	ppt/素材
4	室内设计基础	978-7-301-15613-1	李书青	32.00	2013.5	3	ppt/pdf
5	建筑装饰构造	978-7-301-15687-2	赵志文等	27.00	2012.11	6	ppt/pdf/答案
6	建筑装饰材料(第2版)	978-7-301-22356-7	焦　涛等	34.00	2013.5	1	ppt/pdf
7	★建筑装饰施工技术(第2版)	978-7-301-24482-1	王　军	37.00	2014.7	2	ppt/pdf
8	设计构成	978-7-301-15504-2	戴碧锋	30.00	2012.10	2	ppt/pdf
9	基础色彩	978-7-301-16072-5	张　军	42.00	2011.9	2	pdf
10	设计色彩	978-7-301-21211-0	龙黎黎	46.00	2012.9	1	ppt
11	设计素描	978-7-301-22391-8	司马金桃	29.00	2013.4	2	ppt
12	建筑素描表现与创意	978-7-301-15541-7	于修国	25.00	2012.11	3	Pdf
13	3ds Max 效果图制作	978-7-301-22870-8	刘　晗等	45.00	2013.7	1	ppt
14	3ds max 室内设计表现方法	978-7-301-17762-4	徐海军	32.00	2010.9	1	pdf

序号	书名	书号	编著者	定价	出版时间	印次	配套情况
15	Photoshop 效果图后期制作	978-7-301-16073-2	脱忠伟等	52.00	2011.1	2	素材/pdf
16	建筑表现技法	978-7-301-19216-0	张　峰	32.00	2013.1	2	ppt/pdf
17	建筑速写	978-7-301-20441-2	张　峰	30.00	2012.4	1	pdf
18	建筑装饰设计	978-7-301-20022-3	杨丽君	36.00	2012.2	1	ppt/素材
19	装饰施工读图与识图	978-7-301-19991-6	杨丽君	33.00	2012.5	1	ppt
20	建筑装饰工程计量与计价	978-7-301-20055-1	李茂英	42.00	2013.7	3	ppt/pdf
21	3ds Max & V-Ray 建筑设计表现案例教程	978-7-301-25093-8	郑恩峰	40.00	2014.12	1	ppt/pdf
规划园林类							
1	城市规划原理与设计	978-7-301-21505-0	谭婧婧等	35.00	2013.1	2	ppt/pdf
2	居住区景观设计	978-7-301-20587-7	张群成	47.00	2012.5	1	ppt
3	居住区规划设计	978-7-301-21031-4	张　燕	48.00	2012.8	2	ppt
4	园林植物识别与应用	978-7-301-17485-2	潘利等	34.00	2012.9	1	ppt
5	园林工程施工组织管理	978-7-301-22364-2	潘利等	35.00	2013.4	1	ppt/pdf
6	园林景观计算机辅助设计	978-7-301-24500-2	于化强等	48.00	2014.8	1	ppt/pdf
7	建筑・园林・装饰设计初步	978-7-301-24575-0	王金贵	38.00	2014.10	1	ppt/pdf
房地产类							
1	房地产开发与经营(第 2 版)	978-7-301-23084-8	张建中等	33.00	2014.8	2	ppt/pdf/答案
2	房地产估价(第 2 版)	978-7-301-22945-3	张　勇等	35.00	2014.12	2	ppt/pdf/答案
3	房地产估价理论与实务	978-7-301-19327-3	褚菁晶	35.00	2011.8	2	ppt/pdf/答案
4	物业管理理论与实务	978-7-301-19354-9	裴艳慧	52.00	2011.9	2	ppt/pdf
5	房地产测绘	978-7-301-22747-3	唐春平	29.00	2013.7	1	ppt/pdf
6	房地产营销与策划	978-7-301-18731-9	应佐萍	42.00	2012.8	2	ppt/pdf
7	房地产投资分析与实务	978-7-301-24832-4	高志云	35.00	2014.9	1	ppt/pdf
市政与路桥类							
1	市政工程计量与计价(第 2 版)	978-7-301-20564-8	郭良娟等	42.00	2015.1	6	pdf/ppt
2	市政工程计价	978-7-301-22117-4	彭以舟等	39.00	2013.2	1	ppt/pdf
3	市政桥梁工程	978-7-301-16688-8	刘　江等	42.00	2012.10	2	ppt/pdf/素材
4	市政工程材料	978-7-301-22452-6	郑晓国	37.00	2013.5	1	ppt/pdf
5	道桥工程材料	978-7-301-21170-0	刘水林等	43.00	2012.9	1	ppt/pdf
6	路基路面工程	978-7-301-19299-3	偶昌宝等	34.00	2011.8	1	ppt/pdf/素材
7	道路工程技术	978-7-301-19363-1	刘　雨等	33.00	2011.12	1	ppt/pdf
8	城市道路设计与施工	978-7-301-21947-8	吴颖峰	39.00	2013.1	1	ppt/pdf
9	建筑给排水工程技术	978-7-301-25224-6	刘　芳等	46.00	2014.12	1	ppt/pdf
10	建筑给水排水工程	978-7-301-20047-6	叶巧云	38.00	2012.2	1	ppt/pdf
11	市政工程测量(含技能训练手册)	978-7-301-20474-0	刘宗波等	41.00	2012.5	1	ppt/pdf
12	公路工程任务承揽与合同管理	978-7-301-21133-5	邱　兰等	30.00	2012.9	1	ppt/pdf/答案
13	★工程地质与土力学(第 2 版)	978-7-301-24479-1	杨仲元	41.00	2014.7	1	ppt/pdf
14	数字测图技术应用教程	978-7-301-20334-7	刘宗波	36.00	2012.8	1	ppt
15	水泵与水泵站技术	978-7-301-22510-3	刘振华	40.00	2013.5	1	ppt/pdf
16	道路工程测量(含技能训练手册)	978-7-301-21967-6	田树涛等	45.00	2013.2	1	ppt/pdf
17	桥梁施工与维护	978-7-301-23834-9	梁　斌	50.00	2014.2	1	ppt/pdf
18	铁路轨道施工与维护	978-7-301-23524-9	梁　斌	36.00	2014.1	1	ppt/pdf
19	铁路轨道构造	978-7-301-23153-1	梁　斌	32.00	2013.10	1	ppt/pdf
建筑设备类							
1	建筑设备基础知识与识图(第 2 版)	978-7-301-24586-6	靳慧征等	47.00	2014.12	2	ppt/pdf/答案
2	建筑设备识图与施工工艺	978-7-301-19377-8	周业梅	38.00	2011.8	4	ppt/pdf
3	建筑施工机械	978-7-301-19365-5	吴志强	30.00	2014.12	5	pdf/ppt
4	智能建筑环境设备自动化	978-7-301-21090-1	余志强	40.00	2012.8	1	pdf/ppt
5	流体力学及泵与风机	978-7-301-25279-6	王　宁等	35.00	2015.1	1	pdf/ppt/答案